I0100553

Niklas Luhmann

Soziale Systeme

Klassiker Auslegen

Herausgegeben von
Otfried Höffe
Band 45

Otfried Höffe ist Leiter der Forschungsstelle Politische Philosophie an der Universität Tübingen.

Niklas Luhmann

Soziale Systeme

Herausgegeben von
Detlef Horster

Akademie Verlag

Lektorat: Dr. Mischka Dammaschke
Herstellung: Christoph Neubarth
Titelbild: Niklas Luhmann, © Universität Bielefeld, Pressestelle
Einbandgestaltung: K. Groß, J. Metze, Chamäleon Design Agentur Berlin

Bibliografische Information der Deutschen Nationalbibliothek
Die Deutsche Nationalbibliothek verzeichnet diese Publikation in der Deutschen Nationalbibliografie; detaillierte bibliografische Daten sind im Internet über http://dnb.d-nb.de abrufbar.

Library of Congress Cataloging-in-Publication Data
A CIP catalog record for this book has been applied for at the Library of Congress.

www.degruyter.de/akademie
Ein Unternehmen von De Gruyter

Gedruckt in Deutschland

Dieses Papier ist alterungsbeständig nach DIN/ISO 9706.

ISBN 978-3-05-005170-3
eISBN 978-3-05-006492-5

Inhalt

Siglenverzeichnis

AdR	Ausdifferenzierung des Rechts, Frankfurt/M. 1981
BdM	Beobachtungen der Moderne, Opladen 1992
EaK	Erkenntnis als Konstruktion, Bern 1988
ErzG	Das Erziehungssystem der Gesellschaft, hg. von Dieter Lenzen, Frankfurt/M. 2002
ES	Einführung in die Systemtheorie, hg. von Dirk Baecker, Heidelberg 2002
ETG	Einführung in die Theorie der Gesellschaft, hg. von Dirk Baecker, Heidelberg 2005
FdR	Funktion der Religion, Frankfurt/M. 1977
FuF	Funktionen und Folgen formaler Organisationen, Berlin 1964
GG	Die Gesellschaft der Gesellschaft, Frankfurt/M. 1997
GS1–4	Gesellschaftsstruktur und Semantik, Bände 1–4, Frankfurt/M. 1980, 1981, 1989 und 1995
I	Ideenevolution, hg. von André Kieserling, Frankfurt/M. 2008
KunstG	Die Kunst der Gesellschaft, Frankfurt/M. 1995
LaP	Liebe als Passion, Frankfurt/M. 1982
LdV	Legitimation durch Verfahren [1969], Frankfurt/M. 1983
M	Macht [1975], Stuttgart 2003
MdG	Die Moral der Gesellschaft, hg. von Detlef Horster, Frankfurt/M. 2008
ÖK	Ökologische Kommunikation. Kann die moderne Gesellschaft sich auf ökologische Gefährdungen einstellen? Opladen 1986
OuE	Organisation und Entscheidung, hg. von Dirk Baecker, Opladen 2000
P	Protest. Systemtheorie und soziale Bewegungen, hg. von Kai-Uwe Hellmann, Frankfurt/M. 1996
PdF	Die Paradoxie der Form, in: Dirk Baecker (Hg.): Kalkül der Form, Frankfurt/M. 1993, S. 197–215.
Pl	Paradigm lost. Über die ethische Reflexion der Moral, Frankfurt/M. 1990
PolG	Die Politik der Gesellschaft, hg. von André Kieserling, Frankfurt/M. 2000
PS	Politische Soziologie, hg. von André Kieserling, Frankfurt/M. 2010
RdM	Die Realität der Massenmedien [1995]. 2., erw. Aufl., Opladen 1996
RechtG	Das Recht der Gesellschaft, Frankfurt/M. 1993
RelG	Die Religion der Gesellschaft, hg. von André Kieserling, Frankfurt/M. 2000
RS	Rechtssoziologie, Opladen 1980
RuS	Reden und Schweigen. Frankfurt/M. 1989 (zusammen mit Peter Fuchs).
S	„Sthenographie“, in: Niklas Luhmann u. a.: Beobachter, Konvergenz der Erkenntnistheorien? München 1990, S. 119–137.
SA1–6	Soziologische Aufklärung, Bände 1–6, Opladen 1970, 1975, 1981, 1987, 1990 und 1995
SdR	Soziologie des Risikos, Berlin/New York 1991
SzP	Schriften zur Pädagogik, hg. von Dieter Lenzen, Frankfurt/M. 2004
SKL	Schriften zu Kunst und Literatur, hg. von Niels Werber, Frankfurt/M. 2008
SS	Soziale Systeme, Frankfurt/M. 1984
SzP	Schriften zur Pädagogik, hg. von Dieter Lenzen, Frankfurt/M. 2004

TGS	Theorie der Gesellschaft oder Sozialtechnologie – Was leistet die Systemforschung? Frankfurt/M. 1971 (zusammen mit Jürgen Habermas)
V	Vertrauen. Ein Mechanismus der Reduktion sozialer Komplexität [1968], Stuttgart 2000
WirtG	Die Wirtschaft der Gesellschaft. Frankfurt/M. 1988
WissG	Die Wissenschaft der Gesellschaft. Frankfurt/M. 1990
ZaF	Zeichen als Form, in: Dirk Baecker (Hg.): Probleme der Form. Frankfurt/M. 1993, S. 45–69.
ZuS	Zweckbegriff und Systemrationalität. Über die Funktion von Zwecken in Sozialen Systemen [1968]. Frankfurt/M. 1973

Vorwort

Niklas Luhmanns Theorie hat vier Säulen: 1. Die Theorie der Gesellschaft, 2. die Organisationssoziologie, 3. die politische Theorie, die z. B. durch die Bände „Politische Theorie im Wohlfahrtsstaat“ (1981), Ökologische Kommunikation“ (1985), „Soziologie des Risikos“ (1991), „Beobachtungen der Moderne“ (1992) oder „Die Realität der Massenmedien“ (1996), aber auch durch zu aktuellen Themen Stellung beziehende Zeitungs- und Zeitschriftenartikel repräsentiert wird. Und 4. ist da die Wissenssoziologie. Das sind die vier Bände mit dem Titel „Gesellschaftsstruktur und Semantik“.

Die „Theorie der Gesellschaft“ ist der mit Abstand wichtigste und damit der zentrale Teil von Luhmanns wissenschaftlichen Bemühungen. Allein er steht im Mittelpunkt der Auslegungen im vorliegenden Band. Noch weiter reduzierend, wenn man auf Luhmanns monumentales Gesamtwerk blickt, muss man sagen, dass nur die Einleitung in die Luhmannsche Systemtheorie Gegenstand der hier vorgelegten Erörterungen ist. Diese Einleitung umfasst schon 675 Seiten und trägt den Titel „Soziale Systeme. Grundriß einer allgemeinen Theorie“. Alles, was Luhmann zur Systemtheorie vorher geschrieben hatte, bezeichnete er als „Nullserie“ (Luhmann 1987, 142). Die „Sozialen Systeme“ sind also der Grundstein der von Luhmann ausgearbeiteten Systemtheorie und darum in ihrer Bedeutung nicht zu unterschätzen. Es folgten danach die einzelnen Kapitel der Gesellschaftstheorie und zwar in folgender Reihenfolge: „Die Wirtschaft der Gesellschaft“ (1988), „Die Wissenschaft der Gesellschaft“ (1990), „Das Recht der Gesellschaft“ (1993), „Die Kunst der Gesellschaft“ (1995), „Die Politik der Gesellschaft“ (postum 2000), „Die Religion der Gesellschaft“ (postum 2000), „Das Erziehungssystem der Gesellschaft“ (postum 2002). Die einzelnen Subsysteme der Gesellschaft, die in diesen Bänden behandelt wurden, sind von Luhmann in dem Band „Die Gesellschaft der Gesellschaft“ (1997), der noch zu seinen Lebzeiten erschienen ist, zusammengefügt worden.

Zusammen mit der Einleitung enthält der Band „Soziale Systeme“ 13 Kapitel, die hier ausgelegt werden. Warum bedarf es eigentlich einer solchen Auslegung, da es in dieser Einleitung doch „nur“ um die Entfaltung der systemtheoretischen Terminologie geht? Es finden sich oft dieselben Begriffe wie in der traditionellen Terminologie, doch werden sie von Luhmann in seiner Gesellschaftstheorie anders gefüllt. Das ist ein Grund für die Notwendigkeit der Auslegung.

Was nun die Abfolge der einzelnen Auslegungs-Kapitel betrifft, ist die Reihenfolge eingehalten, die Luhmann in den „Sozialen Systemen" gewählt hat. Dieser Aufbau ist nicht so zu verstehen, dass ein Kapitel auf den vorhergehenden aufbaut. Luhmann hätte auch eine andere Abfolge wählen können. Er schreibt: „Die Theorieanlage gleicht also eher einem Labyrinth als einer Schnellstraße zum frohen Ende. Die für dieses Buch gewählte Kapitelfolge ist sicher nicht die einzig mögliche, und das gilt auch für die Auswahl der Begriffe, die als Themen für Kapitel hervorgehoben werden. Auch in den Fragen, welche Begriffe überdisziplinär und systemvergleichend eingeführt werden und welche nicht und in welchen Fällen Bezugnahmen auf theoriegeschichtliches Material wichtig sind und in welchen nicht, hätte ich andere Entscheidungen treffen können. Das gleiche gilt für das Ausmaß, in dem Vorgriffe und Querverweisungen den nichtlinearen Charakter der Theorie in Erinnerung halten, und für die Auswahl, des notwendigen Minimum." (SS 14)

Ein weiterer Grund für die Notwendigkeit diesen Auslegungsband vorzulegen ist folgender: Die Luhmannsche Theorie ist hochabstrakt und darum soll auf diese Weise der Zugang zu ihr geebnet werden. Diese hochabstrakte Theorie ist wie jede Theorie ein Konstrukt. Luhmann schreibt in dem Band „Soziale Systeme" darum nicht: Es gibt Systeme, sondern er schreibt: „Die folgenden Überlegungen gehen davon aus, dass es Systeme gibt." (SS 30) Wenig später heißt es dann zwar: „Es gibt Systeme mit der Fähigkeit, Beziehungen zu sich selbst herzustellen und diese Beziehungen zu differenzieren gegen Beziehungen zu ihrer Umwelt." (SS 31) Das bedeutet aber nur, dass es in dieser Theorie Systeme gibt. Hiermit wird deutlich gesagt, dass die Theorie ein Konstrukt ist, das uns hilft, die Realität zu erfassen, damit zum einen die Aufmerksamkeitsspanne des Forschers dafür hinreicht. Zum anderen muss die Realität nicht nur für den Forscher zugänglich gemacht werden, sondern auch für Menschen im Alltag, denn ca. 100 MB Informationen „prasseln" pro Sekunde auf unser Gehirn ein (Brüser-Sommer 2006, 83). Das meiste merken wir gar nicht, und wir können davon nur einen winzigen Bruchteil aufnehmen. Das ist gut so, denn sonst würde unser Gehirn einen Kollaps erleiden. Darum müssen wir der Welt eine Ordnung geben, damit uns Wahrnehmungen, Erfahrungen und Erkenntnisse möglich sind. Aber ob die Ordnung, die wir der Welt geben, auch die Ordnung der Welt ist, werden wir nie erfahren, konstatierte Immanuel Kant. Luhmann hat einen nicht-subjektorientierten Ausweg aus diesem Dilemma gesucht, den Emmerich und Huber interpretieren.

Die Autorinnen und Autoren des vorliegenden Bandes sind zum einen bekannte und etablierte Theoretikerinnen und Theoretiker und zum anderen Nachwuchswissenschaftlerinnen und Nachwuchswissenschaftler, die ihr Forschen alle in engem Zusammenhang mit der Luhmannschen Theorie betreiben. – Wie es in einem Sammelband nicht anders sein kann, sind die Beiträge in einem unterschiedlichen Duktus geschrieben. Aber alle Autorinnen und Autoren sind darauf bedacht, ihre Leserinnen und Leser zu informieren und die jeweiligen Kapitel einem besseren und erweiterten Verständnis zuzuführen. Niemand hat die Kapitel der „Sozialen Systeme“ einfach paraphrasiert, was nicht dienlich gewesen wäre.

Der Publikation ging eine Tagung voraus, auf der die Autorinnen und Autoren die Gelegenheit erhielten, ihre Beiträge vor Fachleuten zur Diskussion zu stellen und die Kapitel aufeinander abzustimmen. Ich danke denen, die sich bereit gefunden haben, Autorinnen und Autoren, die an der Tagung nicht teilnehmen konnten, zu vertreten: Boris Brandhoff, Alberto Cevolini, Beate Cyrus, Simon Lohse und Michael Stier. Der Fritz-Thyssen-Stiftung ist zu danken, die diese Tagung großzügig gefördert hat. Dietmar Gensicke und Michael Urban danke ich für die gemeinsamen Überlegungen und Vorschläge, welche Autorinnen und Autoren für die Auslegung der verschiednen Kapitel angesprochen werden sollten. Für ihre organisatorische und inhaltliche Arbeit bei der Tagung und an diesem Band gilt mein Dank den wissenschaftlichen Mitarbeiterinnen Beate Cyrus, Nina Ellers und Bettina Riekenberg.

Literatur

Brüser-Sommer, Ehlert: Hirnfreundlich Lernen. Erkenntnisse der Neurowissenschaften für Lehr-Lernprozesse nutzen, in: Landinfo Nr. 6/2006, unter: http://www3.altenforst.de/cms/mpcms/objectID/3835/Hinrfreundliches%20Lernen.pdf, letzter Zugriff am 12. April 2012

Luhmann, Niklas: Archimedes und wir. Interviews, hg. von Dirk Baecker und Georg Stanitzek, Berlin 1987

1

Detlef Horster

Paradigmenwechsel in der Systemtheorie (Einführung)

Der Teil der Einleitung von „Soziale Systeme“, der die historische Entwicklung betrifft, bedarf keiner weiteren Erläuterung. Darum werde ich, um dem Titel, den Luhmann der Einleitung gegeben hat, gerecht zu werden, die drei genannten Paradigmenwechsel in den Blick nehmen und auslegen. So wird das Spezifische der Luhmannschen Systemtheorie herausgearbeitet. In seiner Vorlesung „Einführung in die Systemtheorie“ widmet Niklas Luhmann sich seinen Wurzeln, deren Kenntnis für das Verständnis des Paradigmenwechsels unverzichtbar ist (vgl. ES 18ff.). Die von Luhmann gewählte „Firmenbezeichnung ‚Systemtheorie‘“ (SS 12) geht auf Talcott Parsons zurück. Sie entwickelte sich in Parsons Bemühen um eine Handlungstheorie, die ihm Antwort auf die Frage geben sollte, wie soziale Ordnung möglich ist. Diese Frage ist später auch die zentrale für Luhmann.

In seinem Werk „The Structure of Social Action“ von 1937 will Parsons zeigen, dass die genannte Frage von den Klassikern der Staatstheorie, wie Hobbes, Locke, Rousseau und Kant, nicht zufriedenstellend beantwortet worden ist (vgl. Parsons 1949, 87ff.). Generell bestreitet Parsons, dass Menschen sich an den Folgen ihres Handelns orientieren. Seine Kritik am Konsequentialismus ist wegweisend für die Ausarbeitung der Theorie. Um den Kern seiner Kritik zu erhellen, führe ich die Gedanken eines Zeitgenossen von Parsons an, der ebenfalls Kritiker des Konsequentialismus ist. Der Moralphilosoph William David Ross schrieb 1930, dass er noch nie einen Menschen erlebt habe, der sich an den Folgen seines

Handelns orientiere, wohl aber daran, was man tun soll. Im Alltag handle jedermann, weil man es z. B. versprochen habe und Versprechen halten müsse (vgl. Ross 2002, 17). Man orientiere sich an Pflichten, an moralischen Normen und an Werten. Diese Einsicht wird für die Entwicklung der Parsonsschen Theorie bedeutsam. Ihn interessieren die ordnunggebenden Werte und Normen (vgl. Parsons 1949, 91f.). Sie spielen seiner Ansicht nach eine zentrale Rolle beim Handeln und sind für ihn ein Bestandteil des handlungstheoretischen Bezugsrahmens (action frame of reference). Diese Bestandteile sind dann vollständig vorhanden, „wenn Zwecke und Mittel unterschieden werden können, wenn es kollektive Wertvorgaben gibt und wenn ein ‚actor' zur Verfügung steht, um die Handlung durchzuführen. Der Handelnde ist nur ein Moment im Zustandekommen von Handlung. Er ist gleichsam akzidentell vorhanden. Es könnte auch jemand anderes diese Handlung durchführen." (ES 21f., vgl. auch Parsons 1949, 44) Hier sind die Keime der Theorie eines Handlungssystems mit festen Strukturen erkennbar, in die jeder beliebige Handelnde einsteigen könne.

In der Folge arbeitet Parsons an einer Ordnungstheorie, die die Bezeichnung „normativer Funktionalismus" trägt, in dem die Funktionen für die Erhaltung eines Systems sorgen, entweder eines Handlungssystems oder der Gesellschaft, in der die Subsysteme Wirtschaft, Recht und Politik Funktionen für die Erhaltung der Gesellschaft als Ganze erfüllen.

Seinen Funktionalismus arbeitete Parsons in den beiden 1951 erschienen Büchern „Toward a General Theory of Action" und „The Social System" aus. Am letztgenannten Titel kann man bereits die Richtung ablesen, die die Theorieentwicklung nehmen wird: Man könne – meint Luhmann – das ganze Werk von Parsons als einen einzigen Kommentar zu seiner Deutung „action is system" lesen (vgl. ES 18). Wenn sich für jedes beliebige Handeln Regelmäßigkeiten feststellen lassen, spricht Parsons von einem Handlungssystem. Sowohl eine handelnde Person, wie auch das, was sich zwischen handelnden Personen abspielt, wird nun als Handlungssystem aufgefasst, eben als ein „Social System". Das kulturelle System muss hierfür genügend orientierende Werte und Normen zur Verfügung stellen (vgl. Parsons/Shils 1959, 7), denn der Handelnde orientiert sich, wie Ross ausführte, an Werten und Normen. Die einzelnen Personen lernen sie in Sozialisation und Erziehung.

1953 kommt Parsons zusammen mit Bales und Shils zur Entwicklung des berühmten AGIL-Schemas (vgl. Parsons et. al. 1953, chap. 5 III–V, 179–208), das auch Luhmann ausführlich behandelt (ES 23ff.): „Parsons stellt sich vor, dass es vier Komponenten gibt, die zusammenwirken müssen, damit eine Handlung entsteht." (ES 22) Das sind die Funktionen der Systemerhaltung: Es sind dies Anpassung (adaption = A), Zielerreichung (goal attainment = G), Zusammenhalt der Systembestandteile (integration = I) und Strukturerhaltung oder Werterhaltung (latency = L) (vgl. ES 23f.). Latency nennt Parsons das, weil die Werte und Normen latent im Hintergrund bestehen, aber jederzeit abrufbar sein müssen. Damit erübrigt sich der utilitaristische Blick auf die Folgen einer Handlung, denn diese werden in die Voraussetzungen, eine Balance zwischen den zusammenwirkenden Komponenten des AGIL-Schemas zu finden, eingebaut. Parsons hat seine Kritik des Konsequentialismus damit zu einem konstruktiven Ende geführt.

Bei Parsons stehen die Funktionen im Vordergrund. Ohne die invarianten Funktionen kann es für ihn keinen Bestand des Handlungssystems geben. Darum nennt man den Parsonsschen Funktionalismus auch Struktur- oder Bestandsfunktionalismus. Hier nun setzt der Paradigmenwechsel ein: Diese „strukturell-funktionale Theorie [nimmt] sich die Möglichkeit, Strukturen schlechthin zu problematisieren und nach dem Sinn von Strukturbildung, ja nach dem Sinn von Systembildung überhaupt zu fragen. Eine solche Möglichkeit ergibt sich jedoch, wenn man das Verhältnis dieser Grundbegriffe umkehrt, also den Funktionsbegriff dem Strukturbegriff vorordnet. Eine funktional-strukturelle Theorie vermag nach der Funktion von Systemstrukturen zu fragen, ohne dabei eine umfassende Systemstruktur als Bezugspunkt der Frage voraussetzen zu müssen." (SA 1, 114) Luhmann nennt seinen Funktionalismus Äquivalenzfunktionalismus. Es gibt immer funktionale Äquivalente und damit eine dynamische Stabilität für jedes System. In der Einleitung zu „Soziale System" heißt es: „In der allgemeinen Systemtheorie provoziert dieser […] Wechsel des Paradigmas bemerkenswerte Umlagerungen – so von Interesse an Design und Kontrolle zu Interesse an Autonomie und Umweltsensibilität, von Planung zu Evolution, von struktureller Stabilität zu dynamischer Stabilität." (SS 27) Damit sind die drei im Folgenden weiter auszuführenden Wechsel in den Paradigmen der Systemtheorie genannt:

1. Autonomie und Umweltsensibilität,
2. von Planung zu Evolution und
3. Veränderung von Strukturen und Systemidentität.

4. Von der Handlung zur Kommunikation bezeichnet einen weiteren – an dieser Stelle von Luhmann nicht genannten – wichtigen Paradigmenwechsel, den ich hinzufüge.

Zu 1.: Wie jedes andere gesellschaftliche Subsystem bestimmt das Rechtssystem von innen heraus, was Recht ist und was nicht: „Wenn Recht in Anspruch genommen wird", sagt das Rechtssystem, „das heißt: wenn über Recht und Unrecht disponiert werden soll, dann nach meinen Bedingungen." (RechtG 72) Alle Systeme grenzen sich in ähnlicher Weise von ihrer Umwelt ab, wobei die anderen Systeme zur Umwelt gehören. Die traditionelle Differenz von Ganzem und Teil wird von Luhmann durch die Differenz von System und Umwelt ersetzt (vgl. SS 22). Dabei ist die Umwelt wie das Ganze immer mehr als das System oder Teil. Systeme erhalten, erzeugen und beschreiben sich selbst. Das nennt Luhmann mit Maturana Autopoiesis, und wir sprechen von der Theorie autopoietischer Systeme. Luhmann erzählte gern die Geschichte dieser Begriffsbildung für die sich selbst erhaltenden und schaffenden Systeme: Maturana saß beim Abendessen neben einem Gast der Alt-Griechisch beherrschte. Der Gast machte Maturana darauf aufmerksam, dass es für sein Theoriekonstrukt im Griechischen eine Entsprechung gebe. Das Präfix „autos" heiße im Griechischen selbst und „poiein" herstellen. Nach dieser Begegnung sagte Maturana, dass er jetzt den Begriff für sein Theoriekonstrukt habe, das er fortan autopoietisches System nannte. „Systeme müssen, um dies zu ermöglichen, eine Beschreibung ihres Selbst erzeugen und benutzen." (SS 25) Systeme setzen selbst die Grenze zu ihrer Umwelt. In Luhmanns radikalster Formulierung: „Ein System ‚ist' die Differenz zwischen System und Umwelt." (ES 66) Oder wie Peter Fuchs in einem Vortrag am 28.10.2008 in Hannover sagte: Es ist der Slash, der zwischen System und Umwelt steht (System/Umwelt). Damit sollte klar sein, dass es ein Missverständnis ist, ein System als ein Behältnis aufzufassen, das gefüllt werden kann.

Geschlossene Systeme können aber nur als offene existieren. Das bezeichnet die von Luhmann angesprochene Umweltsensibilität. Er sagt, dass die Systeme „in Bezug auf ihre Umwelt zugleich geschlossen und offen sind" (SS 558), oder er spricht vom „Zusammenhang von Geschlossenheit und Offenheit" (Luhmann 1988a, 338) oder davon, dass „Offenheit auf Geschlossenheit beruht" (Luhmann

1988b, 294) oder dass „Geschlossenheit Offenheit erzwingt“ (SS 359). Aber was bedeutet das alles?

Es besteht laut Luhmann die Möglichkeit, dass ein System von der Umwelt irritiert wird. Ob es sich dadurch allerdings determinieren lässt, ist eine andere Frage. Die Politik erließ die Brennelementesteuer. Dadurch sollte das Wirtschaftssystem veranlasst werden, weniger als bisher in die Kernenergie zu investieren und mehr in die erneuerbare Energie. Ob es gelungen wäre, das Wirtschaftssystem in diese Richtung zu determinieren, ist eine andere Frage, die durch den GAU in Fukushima obsolet geworden ist. Ein System kann jedenfalls über die Irritation hinaus determiniert werden, und die Steuer ist das erste von Luhmanns Beispielen für eine strukturelle Kopplung, die zwischen zwei Systemen entstehen kann. Wir hätten es in dem Fall mit der Abfolge Irritation, Determination und Restabilisierung zu tun gehabt: Zunächst ist ein System stabil. Dann wird es irritiert. Ob das System sich determinieren lässt, hängt davon ab, ob die Änderung für seine Bestandserhaltung wichtig ist. Lässt es sich determinieren, setzt der Prozess der Restabilisierung ein (SS 19).

Luhmann nennt einige Beispiele für strukturelle Kopplungen: „(1) Die Kopplung von Politik und Wirtschaft wird in erster Linie durch Steuern und Abgaben erreicht. [...] (2) Die Kopplung zwischen Recht und Politik wird durch die Verfassung geregelt. [...] (3) Im Verhältnis von Recht und Wirtschaft wird die strukturelle Kopplung durch Eigentum und Vertrag erreicht. [...] (4) Wissenschaftssystem und Erziehungssystem werden durch die Organisationsform der Universitäten gekoppelt. [...] (5) Für die Verbindung der Politik mit der Wissenschaft [gibt es die Expertenberatung]. (6) Für die Beziehungen zwischen Erziehungssystem und Wirtschaft (hier: als Beschäftigungssystem) liegt der Mechanismus struktureller Kopplung in Zeugnissen und Zertifikaten. [...] Wir belassen es bei diesen Beispielen. Man könnte weitere nennen, etwa das ‚Krankschreiben‘ im Verhältnis von Medizinsystem und Wirtschaft oder Kunsthandel (Galerien) im Verhältnis von Kunstsystem und Wirtschaftssystem.“ (GG 402ff.)

Zu 2.: Auf die Frage, ob man die Weiterentwicklung einer Gesellschaft in eine nächste planen könne, sagte Niklas Luhmann: „Wenn geplant wird, reagiert man auf Planung. Das ist nicht ohne Effekt, aber es sind selten die Effekte, die man haben will. [...] Ich würde [...] die Frage in die Evolutionstheorie rüberspielen und dann Planung als eine Art von Variation ansehen, die Selektionen auslöst und dann Stabilisierungsprobleme aufwirft." (Horster 1996, 2ff.; vgl. auch ES 46) An dieser Stelle spricht Luhmann den Paradigmenwechsel von Planung zu Evolution an (vgl. SS 27).

Er sieht die evolutionären Übergänge als historischen Dreischritt: Er kennt segmentär, stratifikatorisch und funktional differenzierte Gesellschaften. Die Entwicklungsmöglichkeiten innerhalb einer Form der gesellschaftlichen Differenzierung sind begrenzt. Stoßen sie an ihre Grenzen, gibt es einen evolutionären, allmählichen Übergang zur nächsten Differenzierungsform. Luhmann sagt dazu Folgendes: „Die Bedeutung von Differenzierungsformen für die Evolution von Gesellschaft geht auf zwei miteinander zusammenhängende Bedingungen zurück. Die erste besagt, daß es innerhalb vorherrschender Differenzierungsformen begrenzte Entwicklungsmöglichkeiten gibt. So können in segmentären Gesellschaften größere, wiederum segmentäre Einheiten gebildet werden, etwa Stämme oberhalb von Haushalten und Familien; oder in stratifikatorisch differenzierten Gesellschaften innerhalb der Grunddifferenz von Adel und gemeinem Volk weitere Ranghierarchien. [...] Ein Familienhaushalt kann innerhalb segmentärer Ordnungen besondere Prominenz, auch erbliche Prominenz gewinnen (etwa als Priesterfamilie oder als Häuptlingsfamilie) [...]. Evolution erfordert an solchen Bruchstellen eine Art latente Vorbereitung und eine Entstehung neuer Ordnungen innerhalb der alten, bis sie ausgereift genug sind, um als dominierende Gesellschaftsformation sichtbar zu werden und der alten Ordnung die Überzeugungsgrundlage zu entziehen." (GG 611f.) Das ist die zweite Bedingung. So bilden sich in segmentären Gesellschaften allmählich Hierarchien heraus, so dass man davon sprechen kann, dass in segmentären oder tribalen Gesellschaften bereits Vorformen der nächsten, der stratifikatorisch differenzierten bzw. hierarchisch gegliederten Ständegesellschaft zu finden sind. „Jedenfalls kann man sagen, daß bereits tribale Gesellschaften mit der Anerkennung von Rangunterschieden und einer entsprechenden Deformierung von Reziprozitätsverhältnissen experimentieren. Solche Formen können in stratifizierten Gesellschaften als preadaptive advances übernommen und weiterentwickelt werden." (GG 659) Auch in den hierarchisch oder stratifikatorisch differenzierten Gesellschaften der Könige und Fürsten im Mittelalter finden wir einige Vorformen der funktional differenzierten Gesellschaft unserer Zeit. Luhmann sieht, dass die Politik der Territorialstaaten bereits im 15. Jh. eine bemerkenswerte Unabhängigkeit von religiösen Fragen bekommen. Es entstehen unabhängige politische Funktionssysteme. Man kann ferner die Ablösung der Wirtschaft als funktionales System von der Politik beobachten. Beispiel dafür ist die Tätigkeit der Familie Fugger, die Unabhängigkeit vom Kaiser erlangt. Ebenso gewinnt die Wissenschaft eigenständige Funktionalität. „Seit der massiven Förderung durch den Buchdruck, seit dem 16. Jahrhundert also, gewinnt auch die Wissenschaft Distanz zur Religion – zum Beispiel über einen emphatisch besetzten Naturbegriff, über spektakuläre Konflikte (Kopernikus, Galilei) und über die Inanspruchnahme der Freiheit zur Skepsis und zur neugierigen Innovation, wie sie weder auf die Politik noch auf die Religion hätte angewandt werden können." (GG 713) Es handelt sich also um eine parallel laufende „Ausdifferenzierung einer Mehrheit von Funktionssystemen. Und erst, wenn hinreichend viele Funktionen des Gesellschaftssystems dadurch abgedeckt sind, kann man die neue Ordnung aus sich selbst heraus interpretieren." (GG 713) Das ist dann der Fall, wenn „für Politik nur noch Politik, für Kunst nur noch Kunst, für Erziehung nur noch Anlagen und Lernbereitschaft, für die Wirtschaft nur noch Kapital und Ertrag zählen" (GG 708). Und dann kommt es zum evolutionären Umschlag und zur Herausbildung einer neuen Gesellschaftsformation, in diesem Fall der funktional differenzierten. Der „Evolutionsblick", der Parsons noch fremd war, ist ein weiteres Moment des Paradigmenwechsels in der Systemtheorie.

Zu 3.: Parsons Theorie der Handlung ist auf feste Systemstrukturen angewiesen (vgl. ES 18ff.). Genau darin aber liegt nach Luhmann ein Problem von Parsons' Theorie, und wie ich meine, sieht Luhmann das als das zentrale Problem der Parsonschen Theorie an. Systemstrukturen und damit die Systeme selbst verändern sich wie Gesellschaften evolutionär. Strukturen sind nichts anderes als ein geordneter Zustand von Erwartungen und Erwartungserwartungen. Wenn letztere nicht mehr erfüllt werden, muss ein System, um sich zu erhalten, seine Struktur ändern. In einer Familie wachsen die Kinder heran. Durch diese Entwicklung verändern sich die Erwartungen und Erwartungserwartungen im Familiensystem und mit ihnen die Struktur dieses Systems (vgl. SS 476). Diesen Prozess der Strukturänderung vollzieht „das System selber, das sich erhält, indem es sich verändert. Die dem System zuzuschreibenden Veränderungen sind nicht länger Bedrohungen seines Bestandes, sie sind die raffinierten Mittel seines Bestehens." (Bubner 1984, 149) Mit *nur einer* und *ein und derselben* Struktur wäre das Überleben eines autopoietischen Systems im evolutionären Prozess höchst unwahrscheinlich (vgl. ES 132). Diese Strukturänderung als Mittel der Systemerhaltung zu sehen, darin liegt wohl der Kern des Paradigmenwechsels in der Systemtheorie.

Zu 4.: Die Umstellung von Handlung auf Kommunikation ist ein weiterer wichtiger Paradigmenwechsel in der Systemtheorie, wenn wir den Übergang von der Parsonschen zur Luhmannschen Systemtheorie im Blick haben. Die Umstellung von Handlung auf Kommunikation wird im 4. Kapitel von „Soziale Systeme" erläutert und von Dirk Baecker in seinem Beitrag ausgelegt. Darauf will ich verweisen und kann mich hier auf ein kurzes Zitat von Dirk Baecker beschränken: „Die Entscheidung für die Kommunikation und gegen die Handlung als das Element, aus dem soziale Systeme bestehen, fällt mit der Begründung, dass es leicht fällt, sich eine Kommunikation als eine Kopplung verschiedener Selektionen vorzustellen, während Handlungen immer als Einzelselektionen auftreten. Luhmann könnte auch sagen, dass es leicht fällt, sich Kommunikation als hinreichend komplex vorzustellen, während Handlungen zu einfach gebaut sind."

Literatur

Bubner, Rüdiger: Geschichtsprozesse und Handlungsnormen. Untersuchungen zur praktischen Philosophie, Frankfurt/M. 1984

Horster, Detlef: Interview mit Niklas Luhmann am 8. Januar 1996 (unveröffentlichter Teil)

Luhmann, Niklas: Die Codierung des Rechtssystems [1986], in: Gerd Roellecke (Hg.), Rechtsphilosophie oder Rechtstheorie?, Darmstadt 1988a, S. 337–377.

Luhmann, Niklas: Neuere Entwicklungen in der Systemtheorie, in: Merkur, 42. Jg. (1988b), Heft 4, S. 292–300.

Parsons, Talcott: The Structure of social Action. A Study in Social Theory wieth Special Reference to a Group of Recent European Writers [1937], Glencoe (Illinois) 1949

Parsons, Talcott: The Social System. London/New York 1951

Parsons, Talcott and Shils, Edward: Toward a General Theory of Action, [1951], Cambridge/Mass. 1959

Parsons, Talcott, Bales, Robert and Shils, Edward: Working Papers in the Theory of Action, New York/London 1953

Ross, William David: The Right and the Good [1930], new edition, ed. by Philip Stratton-Lake, New York 2002

2

William Rasch

Soziale Systeme (1. Kapitel)

„Die folgenden Überlegungen gehen davon aus, daß es Systeme gibt." With this seemingly simple assertion, Niklas Luhmann begins Chapter 1. But what, exactly, is the claim? Is it that there are things in the world, among them systems? If that is the case, then why must this fact be assumed („gehen davon aus") instead of unambiguously stated: „Es gibt Systeme"? And is the impersonal nature of this assumption – the fact that the „Überlegungen", and not their author, assume the existence of systems – a deliberate and integral part of the general claim or merely a stylistic choice, a way of making the opening sentence of the chapter achieve a grander rhythmic eloquence? Luhmann helps us out in the next sentence: „Sie [die Überlegungen] beginnen also nicht mit einem erkenntnistheoretischen Zweifel." We may here be tempted to believe that with Luhmann's first sentence we have arrived at the end of a process of epistemological skepticism and therefore have been returned to a place of certainty, not the Cartesian Cogito, ergo sum, but the more objective: Systems operate, therefore they exist. And we might further suppose that from this position of achieved ontological certainty we might be able to describe systems in the same way we can describe all aspects of the empirical world. Luhmann seems to support such a surmise by using a traditionally ontological way of speaking when he notes that „Aussagen [...] beziehen sich [...] auf die wirkliche Welt" (SS 30); and in the last sentence of this opening paragraph he becomes ever more comfortable with the notion of reality as the suitable *Endstation* of reference. It appears, then, that in our reflections and considerations, we can refer to systems because systems exist. But then we come to the first sentence of the second paragraph: „Dies soll zunächst nur als Markierung einer Position festgehalten werden.“ (SS 30) We are brought up short. So, the assertion of the reality of systems is the marking of a position? What is the status of this position, a position that may presumably be revised? And then we return to the lovely German verbal phrase „davon ausgehen“ and realize that perhaps Cartesian certainty is the last thing we can reckon with. The reality we presuppose (davon ausgehen) is just a point from which we can now begin (davon ausgehen).

What is going on? What's going on is a type of linguistic training in circular, self-reflexive thinking. In the *Vorwort* we learned that universal theory must include itself in its reflections on the world, which implies that systems theory must also be one of systems theory's objects of investigation. In the *Einführung* we further learned the following: „Die Aussage ‚es gibt Systeme‘ besagt also nur, daß es Forschungsgegenstände gibt, die Merkmale aufweisen, die es rechtfertigen, den Systembegriff anzuwenden“ (SS 16). Toward the end of Chapter 1, we learn, „Eine ‚System*theorie*‘ und eine funktionale *Methodologie* verorten die funktionale Analyse zunächst in der Systemreferenz des Wissenschaftssystems“ (SS 87), from which we may deduce that “Forschungsgegenstände“ are those objects that are observed from that social system – „Wissenschaft“ – which is charged with the task of scientific „Forschung“. Therefore, apparently, „die folgenden Überlegungen“ about the existence of systems are themselves objects of research located within the system that researches systems. What are we to think? *Spinnt er?*

Yes, but in a good way, like a spider. Niklas Luhmann's systems theory spins a web of necessary self/other relationships that is fully consonant with major trends in modern philosophy since German idealism, though largely filtered through Parsonian sociology, cybernetics, complexity theory, and other social and natural science movements of the second half of the twentieth century. When he refers to reality, we must banish from our thoughts traditional philosophical realism based on a subject/object dualism, because any clean separation of self and other will always be mutable and operational, never fixed in the sense that the word reality implies. Universality, as Luhmann uses the term to describe the nature of his own theory, means, in effect, limitation, quite the opposite of what one might at first think. Luhmann's systems theory is not the proverbial view from nowhere, as if it could look at the world of systems (social or otherwise) as a totality *sub specie aeternitatis*. If a universal theory must place itself within the domain of so-called objects that it studies, then it cannot stand outside of that domain and see it as a circumscribed whole. Rather, it can observe the whole, of which it is a part, only from within, thus never completely, never in its totality as if from some external, transcendent, godlike perspective. This limitation, however, must not be equated with „erkenntnistheoretische Zweifel". If there is no outside perspective that can confirm the veracity of theoretical statements about the world of systems, neither can there be an outside perspective that can falsify such statements. All statements (Luhmann will say: observations) are internal to what is talked about (observed); thus Luhmann's realism is not metaphysical, not dependent on an external control that checks statements for their referential verity, but internally coherent in the way Hilary Putnam suggests:

> I shall refer to [my perspective] as the *internalist* perspective, because it is characteristic of this view to hold that *what objects does the world consist of*? is a question that it only makes sense to ask *within* a theory or description. Many ‚internalist' philosophers, though not all, hold further that there is more than one ‚true' theory or description of the world. ‚Truth', in an internalist view, is some sort of (idealized) rational acceptability – some sort of ideal coherence of our beliefs with each other and with our experiences *as those experiences are themselves represented in our belief system* – and not correspondence with the mind-independent or discourse-independent ‚state of affairs'. There is no God's Eye point of view that we can know or usefully imagine; there are only the various points of view of actual persons reflecting various interests and purposes that their descriptions and theories subserve.[1]

Perhaps Luhmann would not have endorsed certain aspects of Putnam's terms of art (e. g. belief, interests, and the notion of the self that is implied by the pronoun our), but replace „belief system" with „social system" and you have a fair description of how Luhmann's „internalist perspective" on an immanent reality works.

1 Hilary Putnam, *Reason, Truth and History*, London: Cambridge UP, 1981, 49–50.

Such a perspective, however, affects the way that social beings (including sociologists) are able to describe society, or, more precisely, the way scientific „Überlegungen" can make the assumptions they make about the reality of systems. As readers we want to know what social systems are, else why pick up (or down load) „Soziale Systeme". Thus Luhmann must provide us with some basic definitions to orient our journey, that is, must give us some systematic account of what a system is, communicate to us how communication functions, and enlighten us about the function of a functional methodology. The coy way I have worded the previous sentence gives an impression of the difficulty: Luhmann cannot proceed axiomatically, cannot give us unalterable definitions as if they were a set of building blocks, complete with instructions on how to use them. Although he deploys the word „Merkmale" in the passage from the introduction cited above, and uses the term „Grundkonzepte" in Section II of this chapter (SS 35), he is in fact quite shy about defining systems or anything else in terms of inherent properties that then add up to an answer to the question: What is a system? And how could he rely on discrete, inherent properties? If there is more than one description of the world, and such descriptions depend upon the system perspective that executes the describing, then there is no way to catalog all the objects in the world, since each system produces, as it were, a different set. If no God-System exists, then from which system could all properties, potential and actual, be tabulated?

There is no such system, not even „Wissenschaft", though it is the vocation of „Forschung" within the „Wissenschaftssystem" to locate „Merkmale" of „Forschungsgegenstände". The question then becomes not so much: What are systems? as: How are systems made observable? The answer: Through the use of distinctions. „Als Ausgangspunkt jeder systemtheoretischen Analyse hat [...] die *Differenz von System und Umwelt* zu dienen" (SS 35). A system can be observed as a system only in contrast with its necessary correlate, an environment. What follows, then, is not a catalog of traits, but the story of a relationship. Systems could not exist without environments, could not refer to themselves were there not an other to serve as contrast. „In diesem Sinne ist *Grenz*erhaltung (boundary maintenance) Systemerhaltung" (SS 35). With this system/environment distinction, we are not told what a system is. Rather, we are merely given the necessary condition for the origin and self-reproduction of systems, namely the ability to draw a line, to establish a border and maintain it. Furthermore, the environment is everything that the system is not, which means that there is no one, single environment, because for every separate system there is a different environment. This last point is important; it means that for any given system, all other systems disappear, as it were, into the environment. Imagine, for a moment, three basic systems: the physical system (conventionally: matter), the psychic system (conventionally: mind), the social system (conventionally: society). There is no common environment for these three systems; for each system, the other two form the environment. Now imagine that each system can produce internal differentiations. Within the social system, functional differentiation produces subsystems, for instance law, economy, art, politics, education, etc. This process of duplicating the system/environment distinction within the system makes it possible to set up levels of internally differentiated systems, creating what Luhmann calls a „Hierarchie“ (SS 38), without implying layers of authority or control. It is through such internal differentiation that a system enjoys greater complexity, which means greater opportunities for responding to the impulses coming from the environment. For each of these sub-systems (at whatever level), all the others form an internal environment, that is, internal to the social system as a whole.

Even this brief and wildly incomplete sketch should make clear the problem that normal language has to deal with. Since a system or subsystem must also be a part of the environment for all other systems, it becomes increasingly difficult to visualize the whole. With its environment, on the one hand, and its internal differentiation, on the other, the social system becomes impossible to map two-dimensionally or model very well on a computer. Perhaps a metaphor is more useful than a figure or graph. Think of that childhood toy, a kaleidoscope. The material it is made of (cardboard, bits of colored glass, etc.) as well as the perceiving eye and necessary light source comprise the physical system; the visual perceptions themselves and the (silent) thoughts they inspire are the psychic system; if the patterns of light and color produced by turning the movable part of the toy form a kind of visual language about which that speaks to us and provokes a response – even if only „Wow“ or „Cool“ – then we have a social system. Note that what is social is neither material nor mental, but communication provoked by the shifting play of light and color.[2] Note also that strictly speaking we cannot say that by turning the mechanical device we directly cause the new pattern, but only that our actions are the cause of the fact *that* there is a new pattern. A certain amount of contingency conditions which glass particles will catch the light in a particular way to produce the colored pattern that is produced. So, though each shift of the apparatus perturbs what metaphorically we can call the social system and triggers change, none dictates exactly what that change will be. So, to parse the metaphor explicitly: what we see as patterns are individual subsystems coming to the fore, with the result that as each pattern (subsystem) comes into view, all other possible patterns (subsystems) „disappear" into the internal environment of the social system, just as the external environment (cardboard, glass, eye) remains outside the domain of society as a whole. This may not be a perfect metaphorical map of what Luhmann is attempting to chart in this chapter, but it should give a fair idea of why it is difficult to set in stone the essential properties of a system.

Nevertheless, we can talk about the basic elements of a system; though typically enough, we can do so only by making a distinction:

> Die Differenz System/Umwelt muß von einer zweiten, ebenfalls konstitutiven Differenz unterschieden werden: der Differenz von *Element* und *Relation*. [...] So wenig wie es Systeme ohne Umwelten gibt oder Umwelten ohne Systeme, so wenig gibt es Elemente ohne relationale Verknüpfungen oder Relationen ohne Elemente. In beiden Fällen ist die Differenz eine Einheit (wir sagen ja auch: „die" Differenz), aber sie wirkt nur als Differenz. (SS 41)

To understand the difference between these two distinctions, Luhmann luckily gives us his own visual metaphor. (see SS 41) If we take a house to stand for a system, then the rooms of the house act as the subsystems and the materials for building the house (stones, beams, nails, etc.) as the elements. In the first case, the bedroom, bathroom, dining room, hallway, and kitchen act as the internal environment for the living room, followed by all the other permutations of system and environment. Yet, the entire house, all the subsystems (rooms) of the

2 Though without the material and the mental to serve as environment (and thus as „conditions of possibility"), the social could not exist.

house consist of the same elements, namely the specified building materials in all of their various combinations or relations.

OK. Fine. A house is a nice if somewhat static image for illustrating the nature of these two fundamental pairs of distinguished concepts. But we still do not know what an element is, other than the fact that the fundamental element of a particular system is the same for all its subsystems. Where and how do we find such an element? Again Luhmann returns to the basic epistemological question with which he opened the chapter. The concept Element is neither merely an analytical tool – a convenient fiction – nor is it an ontically given object – a substantial thing. (42) In a way we can say: Elements exist, but are not found in nature. Here is how he puts it: „Anders als Wortwahl und Begriffstradition es vermuten lassen, ist die Einheit eines Elementes [...] nicht ontisch vorgegeben. Sie wird vielmehr als Einheit erst durch das System konstituiert, das ein Element als Element für die Relationierungen in Anspruch nimmt." (SS 42) Here again we run into Luhmann's circular reasoning. On the one hand, „Element ist also jeweils das, was für ein System als nicht weiter auflösbare Einheit fungiert." (SS 43) On the other hand, „Elemente sind Elemente nur für die Systeme, die sie als Einheit verwenden, und sie sind es nur *durch* diese Systeme" (SS 43; emphasis added). Again, we are at first hard-pressed to understand this apparent paradox.

With the mathematization of nature, Luhmann says, what we see as things become as decomposable, almost infinitely so. Entities can be defined by their component parts, which in turn can also be decomposed. Thus, elements are but links in a chain. That beam, which was once part of a tree (which was decomposed in order to produce the beam), can be further decomposed into constituent parts (wood chips, sawdust, compounds, molecules, atoms, subatomic particles, etc.). But, as a beam, it is used as an element and eventually becomes part of something larger again, namely the house. In other words, for it to become a basic element of a house, a tree must be reduced to a beam (a piece of lumber) but not to a molecule or an atom. (Another example: To be the essential condition of possibility for life, randomly assembled units of hydrogen and oxygen will not do; rather those units must be linked precisely as H_2O, called water.) As an element of a house, that beam, then, becomes a constituent part of a larger whole. But, Luhmann goes on the say, it is the system itself – the house – that constitutes the element we have labeled beam. It has not physically brought it into being *ex nihilo*, it has simply located the link of the decomposable chain that it needs and arrested the decomposition at that point. Ergo: that which constitutes the system is constituted by the system.

We can also approach this problem in another way. The reader will eventually learn that for Luhmann the basic element of the social system we call society is communication. Those kaleidoscopic patterns of color and light in the example above were, so to speak, bits and bytes of information. Yet, since communication equals society, communication cannot precede society (cannot exist outside of society, as Luhmann says [60f.]). Both the social system and its basic element, communication, emerge simultaneously. In other words, communication exists when it is recognized as such by the system – *Gesellschaft* – that both constitutes and uses communication as its basic element. Markings on the wall of a cave or on a stone found in the desert can be accidental and random, they can be abstractly decorative, or they can have what we call meaning. For these marks to communicate meaning, an intention to communicate meaning must be ascribed to them. The markings on the Rosetta Stone (found in Egypt at the end of the eighteenth century) may at first sight already have had all the indications of being meaningful, but they actually had meaning only when deciphered as a language. The stone became a means of communication when recognized as such by those who, in a manner of speaking, were able to communicate with it or, more accurately, convincingly communicate about it as a form of communication. Hence, communication is real, but only after what was found in nature has become a communicating participant in one or another social system.

Very roughly speaking, everything that has been said up until now can be subsumed under the notion self-referential closure. For this Luhmann uses the term „autopoiesis" (SS 43, SS 60ff.), which was coined by Maturana and Varela. For Luhmann, the notion of autopoiesis represents a paradigm shift in systems-theoretical thinking in the sense that now one can think the self-reproduction of systems and not merely their self-organization. Autopoiesis is the name given to the fact that the fundamental, indivisible, non-decomposable elements of a system are produced by the system itself. There is of course an environmental, material precondition for the possibility of existence for systems and their elements, but that precondition does not produce the basic element as element within the system; only the elements themselves can reproduce themselves (as communication rather than vocal chords, chisel and stone, paper and pencil). Communication – not the individual – communicates, as Luhmann likes to say. Stop! Think about the sentence you just read: „Communication – not the individual – communicates, as Luhmann likes to say." Is it a contradictory statement? Did it attribute to an individual (Luhmann) the communication that only communication, not individuals, communicate? More elaborately, did I (an individual) say (communicate) that Luhmann (an individual) says (communicates) that only communication communicates? In other words, by using „I" and „Luhmann", did the sentence contradict itself? No. „I" is a pronoun and „Luhmann" is a proper noun. What you (another pronoun) just read are words on a page or screen; you did not read the thoughts or consciousness of „I" or „Luhmann". If now „you" produce words on page or screen (or simply curse your fate *sotto voce*), „we" have an example of the basic element of the social system – communication – reproducing itself out of itself: words responding to words. That the minds (consciousness) of reader and writer are necessary prerequisites for such communication is clear; that they, rather than communication itself, communicate is not clear. Right now, all „you" see are words on a page or screen, and „I" have no clue whether there is even a „you" reading this.

All this sounds deeply counterintuitive, perhaps even insufferable. One cannot maintain this level of precision (if that is what it is) in daily interactions. The proper noun „Luhmann" refers to the author of „Soziale Systeme" and the pronoun „I" to the author of this chapter, and the reader must assume intentions (and not the proverbial monkey at a keyboard) to make sense of what is written. Yet it is necessary to stake out this almost risible level of abstraction in order to become accustomed to the nature of the paradoxical or at least contradictory claims that abound in Luhmann's systems theory, the most surprising of which is the notion that not only is the human being not the basic element of society, but that the human individual cannot even be considered a unity at all:

> Es gibt Maschinen, chemische Systeme, lebende Systeme, bewußte Systeme, sinnhaft-kommunikative (soziale) Systeme; aber es gibt keine all dies zusammenfassenden Systemeinheiten. Der Mensch mag für sich selbst oder für Beobachter als Einheit erscheinen, aber er ist kein System. Erst recht kann aus einer Mehrheit von Menschen kein System gebildet werden. (SS 67f.)

There can be no system of people (no society of people according to traditional definitions), because the individual participates in many systems which themselves cannot be integrated into a super-system. Kant's transcendental subject, that uses *Verstand* to understand the workings of the empirical world and *Vernunft* to create for itself a moral universe in which it finds its ideal home, may think of itself as autonomous, but at the level of systems (or at least of systems theory), this subject participates discontinuously but simultaneously in multiple systems (living, psychic, and social). For the social system (society and its subsystems), the living and psychic systems in which human life and consciousness participate remain in the environment. Only communication (this, what is happening now on page and screen) participates in society. Only communication can be the basic element, not the individual or subject or family or community. One may call this attitude anti-humanism or, more generously, post-humanism, but either way it definitively rejects the traditional pathos of *Bildung* and emancipation. Human beings do not create society in order to flourish as well-rounded, rational, autonomous members of a community that reflects their humane values; nor is there an essence of humanity as *Gattungswesen* (Marx) that needs the proper social order to allow for its complete self-realization. We may wish to see it that way, but at a more basal level, a network of communicative systems and their environments (which form the physical and conscious conditions of these communicative social systems' possibility) evolve to deal in ever more complex ways with the problems they themselves produce. Some of these communicative systems – *Wissenschaft*, for example – also make it their task to create narratives, often rival narratives, to explain themselves to themselves.

The most prominent rival narratives in the social sciences were labeled by members of the Frankfurt School (Max Horkheimer and Herbert Marcuse, respectively) as the distinction between traditional (or affirmative) and critical theory. One can see that these are evaluative and therefore asymmetrical distinctions; the more neutral version might posit description as the other of critique. At any rate, Luhmann rejects critical theory (as ultimately either impossible or inadequate) and refers in this chapter to functional analysis. From the perspective of practitioners of Critical Theory, the concept of function is essentially conservative, because they believe that function serves the interest of preserving a status quo. In early cybernetic literature and in the sociology of Talcott Parsons, notions of homeostasis and stability seem to throttle change.

The function of a system is to maintain a balance. A functional analysis, based on the presupposed need for equilibrium, so the argument goes, would simply be a user's manual designed to keep, for example, a given legal or political system in good running order regardless of the harm it may cause its citizens or the world at large. Critical theory operates on the level of architecture or design and demands value judgement; functional analysis, on their view, requires nothing more than the mere technical expertise of the mechanic[3]. In this respect we can say that systems theory is a descriptive theory, not a prescriptive one. Luhmann does not address the Frankfurt School head on here (though footnote 109 on page 85 alludes to it), but he does articulate a notion of functional analysis in the era of self-referential systems that is far more complicated than the stereotypical view. Essentially, everything changes with the introduction of autopoiesis. If elements are not things found in nature, but only those things found in systems, as elements; and if elements reproduce themselves out of themselves, then the continuity of a system, its ability to maintain closure and distinguish itself from an environment, consists in the continuous production, decay, and renewal of elements. This continuous decay and renewal Luhmann calls „eine neuartige *Interdependenz von Auflösung und Reproduktion.*" (78) Only by disappearing do elements serve as elements of the system. „Systeme mit temporalisierter Komplexität sind auf *ständigen Zerfall angewiesen.* Die laufende Desintegration schafft gleichsam Platz und Bedarf für Nachfolgeelemente, sie ist notwendige Mitursache der Reproduktion". (SS 78) We are left with the vertiginous sense that order is produced and preserved by continuous dissolution, that stability rests on ceaseless instability. No self-respecting Critical Theorist would trade her commitment to progressive change for this absolute and directionless alteration. Change is not just uncontrollably evolutionary, she would argue, but should aim at the realization of the Good. Luhmann would respond that the role of the social theorist is not that of a social engineer (if such were even possible). Nor is the social theorist a prosecutor, judge, and jury all rolled into one who conducts a trial in which history or society is the defendant.

3 Habermas synthesizes the view in a single sentence: „Diese ‚verwaltete Welt' war für Adorno die Vision des äußersten Schreckens; für Luhmann ist sie zur trivialen Voraussetzung geworden." Jürgen Habermas, *Theorie des kommunikativen Handelns*, Band 2, Frankfurt/M. 1981, 462.

Having said that, however, it seems that Luhmann does offer a way for a system to see itself as if from the outside, to see that what it assumes to be its necessary order could have been and still could be different than it is. Functional analysis, as executed by *Wissenschaft* (in this case, social theory), does not adjudicate political or moral disputes, but instead offers the observed system a glimpse into what it cannot see for itself, namely the latency and contingency that comes with all systemic reductions of complexity. The incongruent „wissenschaftliche" (in this case, systems-theoretical) perspective on particular systems (law, politics, the economy, etc.) overwhelms them by showing them levels of complexity they cannot see for themselves. In other words, functional analysis displays that a given system has reduced complexity in a particular way and thereby has deliberately ignored and eventually forgotten that other ways had been possible. Functional analysis exposes the contingency inherent in all choices, including those choices that manage complexity in a particular systemic manner. This is spelled out nicely on pages 88-89, and I am tempted to cite the passages for emphasis, but will let the reader search out the two paragraphs that start on page 88 for him or herself. If you do, notice how scientific observation „irritiert, verunsichert, stört und zerstört möglicherweise" (SS 88) the system it observes. Notice also that it serves this irritating function with its ability to expose or bring to light latent structures, „das heißt: Relationen behandeln, die für das Objektsystem nicht sichtbar und vielleicht auch nicht sichtbar gemacht werden können, weil die Latenz selbst eine Funktion hat." (SS 89) At the same time, analysis can show the contingency of manifest structures and functions, those that do the actual work of the system. „In beiden Hinsichten – Latenz und Kontingenz – überfordert die Analyse ihr Objekt, und der systemtheoretische Begriffsapparat macht dies möglich." (SS 89) So, in a sense, functional analysis is critical, but not in a morally or politically normative way. Systems theory does not enunciate the law; it simply tells systems: You do what you do in this way. You could do it in a number of other ways. Think about it.

*

Luhmann called himself a sociologist, thereby squarely placing himself (more correctly: his „Überlegungen") within a particular sub-system (sociology) of the social sub-system *Wissenschaft*. He also claimed to work empirically, thereby baffling many a working, empirical sociologist, especially of the Anglo-American variety. Those sociologists and students of sociology who are bitten by the Luhmann bug tend to revel in the counterintuitive and unexpected conclusion of the type: Social object *A* tends to be viewed as an example of *x* but really manifests the characteristics of *y*. One easily finds prototypes for this model of analysis in Luhmann's work: *Der Mensch* or *das Subjekt* tends to be seen as the basic unit of society but really the human being is no unity of all and is not even included as a totality within society. Or: Most view social theory as an exercise in normative value judgments but really social theory merely shows how value judgments function or, more often than not, function not at all. However, Luhmann's work also exceeds the boundaries of his chosen discipline, and the emphasis shifts from *social* theory to social *theory*, or simply philosophy, especially the sub-branch of philosophy referred to as epistemology. Reminding us at the end of the chapter of the „Paradigmawechsel in Richtung auf System/Umwelt-Konzepte und Theorie selbstreferentielle Systeme," (SS 90) Luhmann writes:

> Damit begründet auch die funktionale Analyse die Wahl ihres letzten Bezugsproblems selfstreferentiell – nämlich als Orientierung an einem Problem, das einerseits gegenstandsimmanent gedacht werden kann, aber zugleich in besonderem Maße durch die Analyse selbst zum Problem wird. Mit der Wahl eines Problems, das die Einheit der Differenz von Erkenntnis und Gegenstand formuliert, geht die funktionale Methode über eine bloße Methodenentscheidung hinaus und beansprucht, Theorie der Erkenntnis zu sein. (SS 90)

Here he explicitly moves beyond sociology. In some ways, Luhmann's epistemological concerns override his sociology. At any rate, in this chapter and elsewhere, the care with which he deals with the fundamental question of how language links to reality expresses a concern that exceeds a basic description and analysis of the workings of society. Or perhaps, the nuance of his language as a form of scientific communication is also a way of shaping the reality he describes. His theory is a descriptive one, yet the final sentence of this chapter again dances around the relationship of language to a pre-linguistic reality that is presumed but not known. „Damit ist keineswegs gesagt, daß die semantische Form, in der [Ergebnisse] präsentiert werden, der Realität ‚entspricht'; wohl aber, daß sie die Realität ‚greift', das heißt, sich als Ordnungsform im Verhältnis zu einer ebenfalls geordneten Realität bewährt“ (SS 91). Luhmann's language does not passively correspond to reality; it penetrates and intervenes.

3

Dietmar Gensicke

Sinn (2. Kapitel)

Luhmanns Überlegungen zum Sinnbegriff stehen in seinem Buch „Soziale Systeme" ganz zuvorderst, sie bilden dort dessen zweites Kapitel. Das hat natürlich einen guten Grund, denn es geht hier um die zentrale evolutionäre Errungenschaft sozialer wie auch psychischer Systeme, die für den Aufbau von Komplexität innerhalb dieser Systeme erforderlich ist: das Medium Sinn.

3.1 Sinn als weltumspannender Möglichkeitsraum

Sinn ist das Medium, in dem soziale Systeme operieren und vermittels dessen sie an die eigenen kommunikativen Operationen anschließen können. Der notwendige fortwährende Bezug von Kommunikation auf vorangehende Kommunikation vollzieht sich innerhalb sozialer Systeme also im Medium Sinn und sichert darüber die Selbstreproduktion des Systems. Luhmann stellt Sinn als ein eigentümliches Reproduktionsmedium hin, nämlich als „‚differenzlosen Begriff', der sich selbst mitmeint" (SS 93). Und in der Tat erscheint es schwierig vorzustellen, was denn ein Gegenüber zu Sinn sein könnte. Sprachlich bietet sich uns natürlich unmittelbar der Begriff des Unsinns an, doch bei näherer Betrachtung wird folgendes deutlich: Jeder kennt Beispiele dafür, dass die sprachliche Annäherung an Un-Sinn durchaus möglich ist und etwa die Kommunikation unsinniger Inhalte im Alltag sehr häufig eine geradezu reichhaltige Folgekommunikation nach sich ziehen kann. Dieses eigentümliche Phänomen – nämlich die kommunikative Unmöglichkeit, das Gegenüber von Sinn zu umreißen, ohne dabei wieder in Kommunikation zurückzufallen – macht es verständlich, warum Luhmann von einem quasi differenzlosen Begriff spricht. So erscheint denn Sinn „in der Form eines Überschusses von Verweisungen auf weitere Möglichkeiten" (SS 93), die gar das Gegenteil, den Un-Sinn, als thematische Möglichkeit mit einschließen. In diesen sinnhaften Möglichkeitsraum findet sich jede Kommunikation eingebettet, auf ihn muss sie sich beziehen und sich innerhalb dieses Raumes reproduzieren.

Kommunikation kann der Sinnhaftigkeit des eigenen Operierens nicht entkommen, es sei denn, sie ist Rauschen. Damit hätte sie aber das System verlassen und könnte allenfalls zurückkehren als irritierte Kommunikation über Leerstellen, die dann als solche freilich schon wieder in den Horizont sinnhafter Kommunikation eingeholt wäre. Indem ihm also gewissermaßen die ganze Welt zur Behandlung offen steht, vollzieht sich doch gerade darin nichts anderes als nur die eigene Reproduktion. Indem sinnhafte Kommunikation an vorangehende sinnhafte Kommunikation anschließt, bedient diese Selbstbezüglichkeit des Systems in jedem Moment die Binnenverhältnisse eben dieses Systems und nutzt dafür seine Komplexität. Es reproduziert die im System in Kommunikation angesiedelte Beobachtung seiner eigenen Umwelt, ohne doch jemals zu dieser vordringen zu können, i. e. ohne jemals die selbstreferentielle Geschlossenheit der eigenen Reproduktion sprengen zu können.

Das für alle kommunikativen Neubildungen zur Verfügung stehende Medium des Sinns bringt dabei die in ihm angelegte Reichhaltigkeit möglicher Formbildungen in Anschlag. Dabei realisiert Kommunikation dann eben Formen, die als Wirkliches aus dem weltumspannenden Möglichkeitsraum von Sinn hervorgehoben werden. Auch wenn Luhmann die Idee der Medium-Form-Differenz erst in den nachfolgenden Jahren aufgreift und für den Sinnbegriff entwickelt, bedient er sich hier einer für die Logik seines Argumentierens typischen Denkfigur, die uns noch an anderen Stellen begegnen wird. Kommunikation bedeutet Formbildung: Dieses wird mitgeteilt oder verstanden und nicht anderes. Die in Kommunikation mitlaufende Notwendigkeit zur Selektion ist nun aber gerade nicht die Verengung oder Reduktion einer Vielheit auf ein Weniges. Vielmehr ist jeder nachfolgende kommunikative Anschluss eine erneute Selektion, die in ihrer prinzipiellen Redundanz stets die Reichhaltigkeit des sinnbezogenen Möglichkeitshorizontes mitführt. So macht kommunikative Selektion von Sinn nicht nur weitere sinnselektive Anschlüsse notwendig. Sondern „mit beliebigem Sinn wird unfassbar hohe Komplexität (Weltkomplexität) appräsentiert[1] und für die Operationen psychischer bzw. sozialer Systeme verfügbar gehalten" (SS 94) und gerade dadurch, dass das eine aus dem anderen geschöpft wird, fortlaufend regeneriert.

Die unverkennbaren Theoriepaten für die luhmannschen Ausführungen zum Sinnbegriff sind Edmund Husserl und der an ihn anknüpfende Alfred Schütz. Luhmann nimmt in etlichen seiner Texte nicht nur konkret Bezug auf Husserl, er hegt auch eine deutliche Wertschätzung für die Philosophie Husserls (vgl. dazu etwa Die neuzeitlichen Wissenschaften und die Phänomenologie, Wien 1996). Das besondere Augenmerk auf Strukturen von Sinndeutung und Sinnsetzung, auf deren Stellenwert für die Konstitution der sozialen Welt und auf die horizonthafte Unhintergehbarkeit der Ressource Sinn teilen Luhmanns Überlegungen mit dem husserlschen Theorieentwurf. Anders aber als die klassische Phänomenologie interessiert sich Luhmann nicht für ein Sinn generierendes Individuum. Die Pointe seiner Sinnauffassung besteht ja gerade in der Eliminierung des Subjektbegriffs zugunsten einer Selbstreferenz kommunikativer Operationen.

Die in Luhmanns Sinnkonzept angelegte Differenz von Wirklichem und Möglichem, in der wir die aristotelische Unterscheidung von actus und potentia wiedererkennen, wird mit und in jedem kommunikativen Vorgang zur Geltung gebracht. Die Sinnselektion, die für Kommunikation zwangsläufig ist und Wirkliches erzeugt, führt vor dem Hintergrund des genannten Überschusses von Verweisungen im Medium Sinn ein hohes Abweichungspotenzial mit. Dies bewirkt zwangsläufig, dass der sinnbezogene Selektionszwang in Kommunikation notwendig reproduziert wird und dadurch der Möglichkeitsraum von Sinn stets präsent ist. So bedient sich Kommunikation, die ja selbst ein differenzbasierter Vorgang ist, des evolutiv herauspräparierten Mediums Sinn, schält selektiv feste Sinnwirklichkeiten aus den Horizonten sinnhafter Möglichkeiten heraus und reproduziert gerade dadurch fortwährend die im Medium Sinn eingelassene Differenz von Wirklichem und Möglichem. Wir

1 mitvergegenwärtigt

sehen hier die differenzbasierte Argumentationslogik Luhmanns am Werke, derer sich alle seine Überlegungen konsequent bedienen.

Luhmann spitzt diese Auffassung von Sinn im Fortgang des Kapitels zu. Die Notwendigkeit, in Kommunikation die Ressource Sinn auszuschöpfen und durch die Aktualisierungen selektiver Partikel aus überschussreichen Sinnhorizonten fortlaufend weitere solche Aktualisierungen zu generieren, markiert eine Art selektiven Reproduktionszwangs. Luhmann geht daher „von einem Grundsachverhalt basaler Instabilität" (SS 99) aus, der für sinnbasierte Systeme konstitutiv ist. Diese Instabilität, die als solche durchaus gefährdend für die Fortsetzung sinnhafter Kommunikation in sozialen Systemen sein kann, stellt aber in Luhmanns Auffassung gerade den Motor dafür dar, dass sich Kommunikation im begründeten Versuch der eigenen Stabilisierung kontinuierlich der Sinnressource bedienen muss. Das „ständige Neuformieren der sinnkonstitutiven Differenz von Aktualität und Möglichkeit" (SS 100) im Medium Sinn liegt in der „Unhaltbarkeit seines Aktualitätskerns" (SS 100).

Die fortwährende Aktualisierung von Sinnelementen, die dabei immer auch notwendig die alternativ möglichen Aktualisierungen im Sinnhorizont mitführen muss, macht die konstitutive prozessuale Logik sinnbasierter Kommunikation deutlich. „Sinn ist somit die Einheit von Aktualisierung und Virtualisierung, Re-Aktualisierung und Re-Virtualisierung als ein sich selbst propellierender (durch Systeme konditionierbarer) Prozess" (SS 100). Diese solchermaßen von Luhmann skizzierte sinnkonstitutive Differenz von Stabilität und Instabilität ist in ihren redundanten kommunikativen Aktualisierungen eingebettet in den reichen Verweisungshorizont von Sinn. In dieser Reichhaltigkeit und diesem Sinnüberschuss liegt in Luhmanns Auffassung nicht nur die grundlegende Instabilität jeder Sinnaktualisierung begründet. Sie stellt gerade so die notwendige Bedingung der Möglichkeit für den Fortgang des Sinngeschehens dar, müssen doch alle Versuche kommunikativer Stabilisierung von Sinnselektionen aus diesem selben Pool schöpfen.

3.2 Erste Pointe: Stabilität und Instabilität von Sinn

Die Abschnitte I bis V des Sinn-Kapitels nutzt Luhmann, um diese Pointe seines Sinnkonzeptes herauszupräparieren. Er rekonstruiert, wie wir gesehen haben, das Funktionieren von Sinn in sozialen Systemen konsequent differenztheoretisch und zeigt die autopoietische Triebkraft im Sinnprozessieren. Dies erlaubt ihm, den Sinngebrauch in sozialen Systemen auf dessen Strukturaufbau zu beziehen und ihn in die Perspektive eines evolutiven Fortgangs zu stellen, denn erst „durch eine solche Sinnevolution kann Sinn selbst Form und Struktur gewinnen" (SS 104–105). Sinn als Ressource, genauer als Medium von Kommunikation ist als Möglichkeitshorizont universell und gleichermaßen hinreichend unbestimmt, um fortwährend selektive Aktualisierungen in Kommunikation möglich zu machen. So resultiert aus dieser Masse laufender Zustandsänderungen sinnhafter kommunikativer Elemente ein Ordnungsaufbau bei der Verwendung von Sinn. Unbestimmtheit und Selektionszwang im Gebrauch von Sinn halten die sinneigene Differenz von Aktualität und Möglichkeit präsent und schreiben sie fort. So bewährt sich gerade die konstitutive Instabilität von Sinnprozessen. Kommunikation kann auf sie bezogene Erwartungen etablieren und dadurch Strukturen generieren, die anschließende Kommunikation und über sie auch den selektiven Sinngebrauch formatieren. Sinngebrauch muss sich in Kommunikation bewähren, und die Kommunikation mag dazu neigen, an Bewährtem festzuhalten. „Nur das macht es möglich, Zufällen Informationswert zu geben und damit Ordnung aufzubauen; denn Information ist nichts anderes als ein Ereignis, das eine Verknüpfung von Differenzen bewirkt" (SS 112).

So dient die erste argumentative Einheit des Sinnkapitels, eben die Abschnitte I bis V, dazu, die konstitutive Logik von Sinn zu plausibilisieren, nämlich das differente Ineinander von Stabilität und Instabilität, das bestandsgefährdend wie fortgangsbefördernd wirkt. So gelingt es Luhmann, den gerade darauf sich gründenden Ordnungsaufbau sinnhafter Kommunikation in sozialen Systemen evident zu machen. Dieser Ordnungsaufbau ist evolutiv gerahmt und besteht gerade nicht in einer subjekt- oder geschichtszentrierten Zuspitzung evolutiven Fortgangs. Vielmehr geht es um die permanente und folgenreiche Re-Etablierung in sich instabiler Sinnselektionen, die ohne Strukturbildung nicht möglich sind. Sinngenerierte Information ist das Baumaterial solcher Strukturbildungen. Diese wiederum haben Rückwirkungen auf die in Kommunikation generierten Informationen, indem sie diese redifferenzieren. Hierfür bringt Luhmann unterschiedliche Sinndimensionen in Anschlag. Dieser Gedanke stellt den zweiten Argumentationsblock des Sinn-Kapitels dar.

3.3 Zweite Pointe: Auslöseprobleme und Schematisierungen

Generierung und Verarbeitung von Informationen geschehen in sozialen Systemen im Prozessieren von Sinn. Sinn gibt Ereignissen Informationswert. Dieser Informationswert ist in Kommunikation in drei möglichen Dimensionen verortet. Luhmann nennt sie Sinndimensionen und unterscheidet dabei Sachdimension, Zeitdimension und Sozialdimension. Wir finden die sinnbezogene Unterscheidung von aktuell Gegebenem und Möglichem, die wir oben vorgestellt haben, jeweils spezifiziert auf allen drei Ebenen wieder.

> Die Sachdimension unterscheidet die Themen sinnhafter Kommunikation, es geht in dieser Perspektive um „dieses" im Unterschied zu „anderem". Die Zeitdimension ordnet Informationen im Hinblick auf die Unterscheidung von Vergangenheit und Zukunft, interpretiert kommunikative Realitäten im Bezug auf ein „vorher" und „nachher". Die Sozialdimension schließlich bezieht sinnhafte Kommunikation auf die mögliche Unterscheidung verschiedener Auffassungsperspektiven, auf die mitlaufende Differenz aller Welterfahrung bei verschiedenen Kommunikationsteilnehmern. Durch sie zeichnen sich ein Ego und ein Alter Ego in ihren eigenen, zueinander unterschiedlichen „Sonderhorizonten" (SS 119) aus.

Abermals kommt Luhmann mit dieser Logik im Zusammenwirken der drei Sinndimensionen zu einer interessanten und für seine Theorieanlage charakteristischen Figur. Im Fortgang des Abschnittes VI und im Abschnitt VII wird diese entfaltet. Mit der „Dekomposition in Differenzen" (SS 112) auf den drei Ebenen sachlich, zeitlich, sozial differenziert sich die prozessuale Logik von Sinnoperationen, die wir im vorigen Abschnitt kennengelernt haben, weiter aus.

Der erste Gedankenschritt Luhmanns bestand darin, zu zeigen, wie Aktualität und Möglichkeitsraum von Sinnbildungen gerade in ihrer Differenz eine Einheit bilden: Das Prozessieren von Kommunikation, ausgelöst durch wechselnde Zustände im „Realitätsunterbau" (SS 97) sozialer Systeme, macht selektive Sinnbildungen in Kommunikation notwendig und markiert damit stets das Differenzmoment, das Auseinanderfallen in „diese" Aktualisierung im Unterschied zu allen anderen Möglichkeiten. Differenzlogisch ist „diese" Aktualisierung jedoch überhaupt nur markierbar in Relation (in der Differenz) zum Horizont aller sinnhaften Möglichkeiten. Exakt, aber etwas komplizierter formuliert, könnte man sagen, dass die Einheit der Differenz sich überhaupt nur in ihrem Differenzmoment realisiert und, da diese Realisierung ja gerade nur in der Differenz möglich ist, eben auch notwendig deren konstitutive Einheit markiert. So fällt die Einheit der Differenz in der Realisierung von Kommunikation stets in die Differenz auseinander und benennt in ihrer Erscheinung nur die eine Seite der Differenz. Informationen werden in Kommunikation ja immer nur über „dieses" generiert, obwohl „dieses" ausschließlich im Unterschied zu „anderem" gemeint sein kann. Das redundante Verweisen, das in Sinn angelegt ist, macht die fortlaufende Einholung aller sinnhaften Möglichkeiten jedoch notwendig und zwingt kommunikative Anschlussoperationen in die Einheit der Differenz von Aktualisierung und Möglichkeit.

In den Abschnitten VI und VII des Sinn-Kapitels kann Luhmann nun die Triebkräfte hinter diesem Zusammenwirken noch genauer herauspräparieren. Denn er markiert spezifische „Auslöseprobleme" (SS 123), mit denen die Welt die Sinnbildungsprozesse in Kommunikation irritiert und zur Selbstbestimmung reizt. Diese liegen auf drei Ebenen:

1. Die sinnhafte Bestimmung von „diesem" in Unterschied zu „anderem" verweist durch das inhärente logische Entweder-oder jede sinnhafte Bestimmung einer Sache auf deren relationales Gegenüber. Die in dieser Sinnmarkierung enthaltenen Redundanzen, Kontingenzen und Überschüsse provozieren einen „Optionsdruck" (SS 123) für kommunikative Folgebildungen. Luhmann bezeichnet diese Irritationswirkung folgerichtig als den „Stimulus der primären Disjunktion" (SS 120).
2. Ein zweiter Typus von Auslöseproblemen erscheint mit der Irreversibilität von Weltzuständen, die in Kommunikation markiert werden. Quer zur Unterscheidung von Vergangenheit und Zukunft in kommunikativ interpretierter Realität kann die Bestimmung der Reversibilität dieser Unterscheidung notwendig und damit auch zum Problem werden.
3. Schließlich kann Kommunikation dadurch irritiert werden, dass Alter und Ego abweichende und konkurrierende Sinnbestimmungen prononcieren. Dann liegt Dissens vor, der durch Kommunikation markiert und eingeholt werden kann.

Für alle drei Ebenen ist hinsichtlich des Problemtyps, der dort jeweils aufgeworfen wird, die Einheit der Differenz von Bestimmtheit und Unbestimmtheit kommunikativer Sinnbildung konstitutiv. „Für diesen Prozess der laufenden Selbstbestimmung von Sinn formiert sich die Differenz von Sinn und Welt als Differenz von Ordnung und Störung, von Information und Rauschen. Beides ist, beides bleibt erforderlich. Die Einheit der Differenz ist und bleibt Grundlage der Operation" (SS 122).

Diese Auslöseprobleme, die Luhmann auf den drei genannten Ebenen kennzeichnet, zwingen Kommunikation zu strukturierter Komplexität, indem sie die spezialistische Thematisierung und Behandlung von Sinn möglich machen. Das geschieht durch die Ausdifferenzierung der drei Sinnebenen. Sie sind die strukturelle Antwort sinnbasierter Systeme auf die Störungen, die in der spezifischen Differenz von Sinn und Welt entstehen.

Der oben beschriebene Optionsdruck aus dem Überschuss anderer sinnhafter Möglichkeiten zwingt Kommunikation zur beständigen Neuformierung der Differenz Aktualität/Möglichkeit in Anschlusskommunikationen – oder aber das System erliegt den kommunikativen Störungen. Im evolutiven Einpendeln auf diesen Strukturzwang sinnhafter Kommunikation bilden soziale Systeme zueinander differente Sinndimensionen aus. Diese drei Dimensionen sind immer in allen Elementen sinnbezogener Kommunikation enthalten, ohne dabei miteinander zur Deckung zu kommen oder einander zu ersetzen. In jeder dieser drei Dimensionen gilt wiederum die sinneigene Differenz von Aktualität und Potenzialität, die freilich nun auf die jeweilige dimensionale Perspektive bezogen wird. Alle drei Perspektiven sind somit wiederum als Differenz gebaut: dies/anderes, Vergangenheit/Zukunft, Ego/Alter.

Die angelegten Differenzmuster kommunikativer Beobachtung pendeln sich auf Auslöseprobleme ein, deren spezifische Behandlung wiederum die einzelnen Dimensionen unter Anschlussdruck bringt. Diese Dimensionen sind zueinander different, dabei aber immer in kommunikativer Parallellage vorhanden. Dadurch gewinnt die Sinnbehandlung in kommunikativen Systemen an Komplexität.

Zur Steigerung der Leistungsfähigkeit dieser funktionalen Ausdifferenzierung der Sinndimensionen sieht Luhmann so genannte Schematisierungen durch die drei Sinndimensionen in deren Operationen am Werk. Die Schematisierungen sind sozusagen robuste Vereinfachungen, informative Raffungen im kommunikativen Prozessieren von Sinn.

Für die Sachdimension benennt Luhmann die Zurechnung des „dies" zu einem Etwas, der Entität eines Innen oder gar zu einem Ding und der Zurechnung des „anderes" entsprechend zu einem umgebenden Außen. Für die Zeitdimension von Sinn wird entsprechend die Unterscheidung von konstanten und variablen Faktoren etabliert, für die Sozialdimension werden Ego und Alter personalisiert bzw. verschiedenen sozialen Systemen zugerechnet. Luhmann stellt deutlich die funktionalen Gewinne solcher schematisierenden Verkürzungen heraus: „Tempogewinn und Flüssigkeit des Prozessierens bei Offenhalten rückgreifender Thematisierungen – das sind die Funktionen der Schematismen" (SS 127).

Im Abschnitt VIII rundet Luhmann diesen Argumentationsschritt ab, indem er die drei eingeführten Sinndimensionen nun folgerichtig im Kontext soziokultureller Evolution ausleuchtet. Und auch hier greift das typische Schema einer luhmannschen Argumentation: Stabilität wird aus zirkulären Mechanismen erklärt, für die es jedoch per se keine Zwangsläufigkeit gibt. Luhmann begreift die Hervorbringung von Sinnschematisierungen als notwendige Komplexitätsreduzierung sinnverarbeitender Systeme, die sich ihm als „Selbstsimplifikation" (SS 126) darstellt. Diese generiert aber nun gerade dadurch im System neue Komplexität, die sich in neuen Verbindlichkeiten für das kommunikative Artikulieren von Sinnelementen niederschlägt.

Diesen Konnex von Komplexitätsreduktion und Komplexitätssteigerung stellt Luhmann heraus, er ist ein Grundschema auch seiner ganzen zukünftig folgenden Theoriekonstruktion. „Höhere Freiheitsgrade, höhere Kontingenz, höhere Invarianz und höhere Änderbarkeit greifen Hand in Hand" (SS 128). Es gewinnen die drei Sinndimensionen sukzessive an Eigenständigkeit in ihrer eigenen differenzbasierten Sinnbehandlung und platzieren und verstärken gerade so diese Selbstbezüglichkeit.

Einen zentralen Stellenwert für die Artikulation dieser fortwährend aufgespannten Differenzhorizonte und der mit ihnen erzeugten Komplexität ist im soziokulturellen Fortgang die Einführung von Schrift. „Durch Schrift wird Kommunikation aufbewahrbar, unabhängig von dem lebenden Gedächtnis von Interaktionsteilnehmern, ja sogar unabhängig von Interaktion überhaupt" (SS 127). Diese durch Schrift ermöglichte Unabhängigkeit ist wesentlicher Teil in den Bedingungen der Möglichkeit zum „innere(n) Unendlichwerden" (SS 132), wie Luhmann so schön formuliert. Dieses beschreibt das unhintergehbare

Sich-Gegeneinander-Differenzieren der verselbständigten Sinndimensionen. Sie sind im kommunikativen Prozessieren von Sinn zwar aneinander gebunden, werden aber auch in ihrer zunehmend komplexer ausgedeuteten Geltung gegeneinander ausdifferenziert.

Mit dem Fortgang soziokultureller Evolution wird so eine hohe Eigenständigkeit und Komplexität der ausdifferenzierten kommunikativen Rückgriffe auf die Ressource Sinn ermöglicht. Sie gehören „auch als eine Art Hintergrundbewusstsein zur Sinnrealität der gegenwärtigen Gesellschaft" (SS 134). Hier ließen sich übrigens reichhaltige Bezüge dieser Gedankenführung zur soziologischen Debatte kultureller Modernisierung festhalten.

3.4 Dritte Pointe: Symbolische Generalisierungen

Dies bringt uns zum dritten und letzten Schritt in der luhmannschen Auseinandersetzung der Ressource Sinn. Schematisierungen dienen also in der Perspektive der Argumentation Luhmanns dem flüssigen Prozessieren von Sinn. Sie sind quasi grundlegende Zuspitzungen im Hintergrund aller drei Sinndimensionen.

Sinn verwendende Systeme gehen aber in ihrer Evolution noch einen Schritt weiter. Die Schematisierungen innerhalb der Sinndimensionen werden im allgemeinen Fortgang sozialer Evolution als gebräuchliche und in diesem Gebrauch bewährte Raffungen sozusagen in die Textur kommunikativ verwendeten Sinns eingewoben. Dies geschieht auch ganz unabhängig von den Spezifitäten eines jeweiligen sozialen Systems, das Sinn kommunikativ prozessiert. Ein solches System wird auch für sich sein spezifisches Eingebettetsein in eine Umwelt sinnhaft kommunizieren und aus ihm Informationen gewinnen. Die Vorstellungen, die es dabei über diese System/Umwelt-Differenz jeweils gewinnt und die dann die Auffassung des Systems von sich selbst differenzlogisch formatieren, sind wiederum nur sinnbasiert realisierbar. Sie müssen in Kommunikation eingebracht werden.

Dies gilt ebenso für alle kommunikativen Anforderungen, die das System in seine Bewältigung aller Umweltanforderungen einspeist und die wiederum zwangsläufig systemeigene (das heißt sinnbasierte, kommunikative) Vorstellungen sind. Hierbei laufen stets alle drei Dimensionen in ihrem zunehmenden „inneren Unendlichwerden" mit.

Um einen kommunikativen Zugriff auf die System/Umwelt-Relation zu bekommen, diesen bei aller unauslotbaren Komplexität der Umwelt robust zu handhaben und zugleich die zunehmende Ausdifferenzierung der Sinnstrukturen zu überbrücken, verwenden Sinn prozessierende Systeme für sie jeweils charakteristische Verdichtungen und Typisierungen. Luhmann nennt sie symbolische Generalisierungen. Für diese Symbolisierungen ist die Verwendung von Sprache zentral. Die zitierte „Behandlung einer Vielheit" deutet an, dass es wesentlich um die Funktion der systemeigenen Behandlung des Problems hohen Sinnüberschusses geht. Dieser ist in sinnbasierter Kommunikation stets präsent und stellt das kommunikative Verhältnis des Systems zu seiner Umwelt unter erhebliche (und für Sinnverwendung ja typische) Selektionslasten. Das System begegnet den Anforderungen dieser ausdifferenzierten Tiefenstruktur von Sinn, indem es symbolische Raffungen der Vielheit möglicher Sinnselektionen in die Kommunikation einspeist. Diese kennzeichnen dann das systemeigene kommunikative Verhältnis zur Umwelt des Systems (insbesondere dort, wo diese wiederum aus anderen sozialen Systemen besteht) wie auch die systeminterne Vorstellung von sich selbst im Verhältnis zur Umwelt. So schafft das System kommunikative Erwartungen.

„Symbolische Generalisierungen verdichten die Verweisungsstruktur jeden Sinnes zu Erwartungen, die anzeigen, was eine gegebene Sinnlage in Aussicht stellt. Und ebenso gilt das Umgekehrte: Die in konkreten Situationen benötigten und bewährbaren Erwartungen führen und korrigieren die Generalisierungen" (SS 139). Auf der Basis dieser Erwartungen bewältigen soziale Systeme die kommunikativen Anschlusslasten in der Ausdeutung ihres Verhältnisses zur Umwelt. Diese Vorstellung ist in der luhmannschen Betrachtung eingelassen in das Konzept selbstbezogener operativer Geschlossenheit. Denn egal, ob das System seine Umweltbeziehungen beobachtet oder systeminterne Verhältnisse thematisiert, ist stets alle sinnbasierte Kommunikation, die dazu verwendet wird und die daraus entsteht, notwendig Teil der Reproduktion des Systems. Angesichts der Dichte und Komplexität sinnhafter Verweisungen erwachsen daraus Anschlussrisiken und -gefährdungen.

Das System erfährt auf längere reproduktive Sicht und damit in der Dauer evolutiver Fortentwicklung eine Entlastung seiner laufenden kommunikativen Anschlusssicherung durch solche Raffungen und Pauschalisierungen sinnhafter Verweisungen. Dann entstehen übergreifende Formen wie zum Beispiel Themen innerhalb der Kommunikation, die sinnhafte Bezüge bündeln und diese auch aus ihren einzelnen situativen Gültigkeiten entbinden können. Luhmann betont im Lichte dieser Erfordernisse besonders die Funktion von Sprache: „Ihre eigentliche Funktion liegt in der Generalisierung von Sinn mit Hilfe von Symbolen" (SS 137). Die Verwendung generalisierter Symbole muss sich freilich bewähren. Die erzeugten und kommunizierten Erwartungen stellen auch keinesfalls zwingende Eindeutigkeiten sicher, macht doch der weiter mitlaufende Sinnüberschuss Abweichungen im kommunikativen Bezug möglich und auch wahrscheinlich. Insgesamt aber bewähren sich symbolische Generalisierungen von Sinn für den Aufbau und die Sicherung kommunikativer Anschlüsse.

Luhmann beendet seine Überlegungen zum Sinnbegriff im zweiten Kapitel von „Soziale Systeme" schließlich mit einigen Gedanken zu den erkenntnistheoretischen Folgerungen insgesondere für die wissenschaftliche Betrachtung von Gesellschaft. Er macht deutlich, dass er die ausgebreitete Sinntheorie nicht in einer metaphysischen Tradition verortet sieht, ohne dass dadurch grundsätzliche Bezüge in Abrede gestellt würden. Warum drängt sich diese Überlegung auf?

Das Konzept autopoietischer Reproduktion sinnbasierter Systeme macht die Frage nach dem Seinsstatus dieser Systeme und ihrer Umwelten plausibel. Gleichwohl enthält sich dieses Konzept einer Gegenübersetzung von Sein und Denken. Luhmann betont, dass Systeme keine Umwelt an sich haben, sondern sich diese im Modus ihrer eigenen Beobachtung vielmehr erschaffen. Dieses bedeutet nicht, dass die Systemumwelt beliebig existiert oder etwa gar nicht existiert. Eine wie auch immer strukturierte Komplexität der Umwelt nimmt Luhmann vielmehr an, wenn sich eine ebensolche Komplexität des Systems innerhalb seines evolutiven Fortschreitens herausbildet. Jedoch gibt es keine Referenz auf eine Umwelt oder auf ein System an sich. Doch „man kommt damit nicht auf das Postulat einer entgegenkommenden Rationalität oder Gesetzlichkeit der Natur zurück" (SS 146). Die Theorie selbstreferentieller sinnbasierter Systeme nimmt vielmehr Systeme und Umwelten an, die sich nur im Operieren der Systeme für diese Systeme konturieren. Ein Seinsstatus im Sinne klassischer Metaphysik wird somit weder für die System-Umwelt-Relation noch für das Sinnmedium in Anschlag gebracht. So liegen die luhmannschen Überlegungen des Sinn-Kapitels – wie auch der nachfolgenden Abschnitte – nicht in der Traditionslinie klassischer erkenntnistheoretischer

Positionen, machen bei Bedarf aber durchaus Bezüge möglich. In jedem Falle konfrontieren sie solche Theoriekonzepte mit ungewohnten Erkenntnishaltungen und stellen sie damit vor neue analytische Anforderungen. Dieses gilt bis heute.

4

Dirk Baecker

Kommunikation und Handlung (3. Kapitel)

4.1

Wie entwickelt man eine Theorie der Kommunikation, wenn die fachüblichen Erwartungen der Soziologie mit einer Handlungstheorie rechnen? Das ist die Frage, die Niklas Luhmann im vierten Kapitel seines Buches „Soziale Systeme" beantwortet, auch wenn es in diesem Kapitel eigentlich um die Frage geht, woraus soziale Systeme „bestehen". Luhmann beantwortet die erste dieser beiden Fragen, indem er die fachüblichen Erwartungen aufgreift, auf Distanz bringt und erst auf einem Umweg einlöst. Das Ergebnis ist eine Kommunikationstheorie, die zugleich Handlungstheorie ist. Und das beantwortet dann auch die zweite Frage. Allerdings ändert sich der Handlungsbegriff dabei grundlegend. Er wird abhängig vom Kommunikationsbegriff. Die Soziologie ist damit herausgefordert. Wir zeichnen diese Herausforderung im Folgenden nach.

Luhmanns Vorgehen ist in diesem Kapitel wie auch sonst interdisziplinär. Er konfrontiert die Soziologie mit Theorieentwicklungen in anderen Disziplinen, vor allem in der allgemeinen Systemtheorie, der mathematischen Kommunikationstheorie und der Philosophie, und überprüft, was sich in der soziologischen Theorie ändern müsste, damit sie aus diesen anderen Disziplinen lernen kann und auf diesem Weg ihre Mittel der Beobachtung und Beschreibung der aktuellen Gesellschaft schärfen kann. Die Zielsetzung der Theorie Luhmanns ist immer eine empirische. Es geht ihm darum, Begriffe bereitzustellen, die in der

Lage sind, Daten zu sortieren, die in der sozialen Wirklichkeit der Gesellschaft erhoben werden können. Hierbei kann es sich um quantitative oder qualitative Daten handeln, um Statistiken oder Beschreibungen.

Zielsetzung ist so oder so eine Modellierung, die als wissenschaftlich angeleitete und reflektierte Reduktion der Komplexität der Gesellschaft einen Beitrag zur Kontrolle dieser Komplexität leistet. „Kontrolle" heißt hierbei im kybernetischen Sinne nicht Beherrschung, sondern vergleichende und lernende Beobachtung:[1] Es geht um den Aufbau eines Gedächtnisses im Umgang mit Phänomenen der Selbstorganisation, um Arbeit an der Interaktionsfähigkeit eines Beobachters.

4.2

Wie alle anderen Kapitel dieses Buches hat auch dieses Kapitel eine Scharnierfunktion. Es greift ein Problem auf und trifft eine Entscheidung, die man auch anders treffen kann. Nichts schließt demnach aus, dass der Leser seine Lektüre dazu nutzt, das Problem ebenfalls zu verstehen, dann aber eine andere Entscheidung zu treffen. Und ebenso wenig ist es ausgeschlossen, dass man die Entscheidung, die Luhmann trifft, für sinnvoll hält, aber nach einer anderen Problemstellung sucht, um sie besser zu begründen. Jedes der Kapitel dieses Buches hat diese Beweglichkeit und lädt zu dieser Beweglichkeit ein, so wie auch Luhmann sowohl mit Präzision an der Begriffsarchitektur seiner Theorie arbeitet, zugleich jedoch offene Fragestellungen akzeptiert und stehen lässt. Seine Theorie ist kein Glasperlenspiel, das im Vakuum entsteht, sondern eine Arbeit am Begriff im Medium vergleichbarer Theorien und eine Arbeit am Phänomen im Medium verfügbarer Beobachtungen. Fehlen sowohl die begrifflichen Anregungen als auch die empirischen Beobachtungen, kann eine Frage nicht entschieden werden und bleibt offen. Das verlangt die wissenschaftliche Genauigkeit.

Die ersten drei Kapitel des Buches haben den Begriff des selbstreferentiellen sozialen Systems, das sich im Medium des Sinns reproduziert und dabei das Problem der doppelten Kontingenz sowohl löst als auch immer wieder neu stellt,

1 So der Kontrollbegriff bei W. Ross Ashby, „Requisite Variety and Its Implications for the Control of Complex Systems", in: *Cybernetica* 1 (1958), 83–99.

so weit entfaltet, dass im vierten Kapitel die Frage gestellt werden kann, woraus ein solches System denn nun besteht. Klar ist, dass die Bestandteile des Systems Ereignisse sein müssen, denn Dinge oder Menschen oder Regeln würden nicht die Kombination von Eindeutigkeit, Verknüpfbarkeit und Offenheit aufweisen, die ein soziales System im Medium des Sinns offenbar voraussetzt. Die Temporalisierung der Elemente des Systems lässt den Dingen ihren Widerstand, den Menschen ihren Eigensinn und Regeln, an die Luhmann so oder so nie glaubte, auf sich beruhen. Zugleich jedoch müssen diese Ereignisse in der Lage sein, einer funktionalen Analyse unterworfen zu werden, die im ersten Kapitel des Buches prominent eingeführt worden ist und die nicht nur vom wissenschaftlichen Beobachter, sondern auch im sozialen System selber durchgeführt werden können muss. Auch diese funktionale Analyse drängt auf eine Beweglichkeit in den Elementen des Systems, die es erlaubt, sowohl Problemstellungen auszutauschen als auch nach alternativen Lösungen Ausschau zu halten.

Hinzu kommt das Problem des Sozialen selber. Ein soziales System kann nur aus Elementen bestehen, die voneinander abhängig und unabhängig sind zugleich. Andernfalls hätte man es mit Kausalität, das heißt mit zu wenig Freiheitsgraden, oder mit dem Zufall, das heißt mit zu viel Freiheitsgraden zu tun. Soziale Systeme bewegen sich zwischen Kausalität und Zufall im Feld einer durch sie selbst moderierbaren Anzahl von Freiheitsgraden, die es je nach Raffinement des Systems einschließen, sich auf Kausalität engzuführen, den Zufall zu nutzen oder auch beides miteinander zu kombinieren. In jedem Fall ist es wichtig, soziale Systeme so zu konzipieren, dass die Abhängigkeit und die Unabhängigkeit der Elemente voneinander wechselseitig gesteigert werden können.

Luhmanns Antwort auf die Frage, wie das geht, lautet in Abschnitt I des vierten Kapitels: Es geht durch „selektive Akkordierung" (SS 192), die ihrerseits voraussetzt, dass mindestens zwei „informationsverarbeitende Prozessoren" (SS 191) vorhanden sind (Geister, Tiere, Menschen, Maschinen), denen diese Selektionen im System und vom System zugerechnet werden können. Selektive Akkordierung soll heißen, dass in der Tat Anpassungen vorgenommen und Anschlüsse gesucht werden, diese jedoch immer und grundsätzlich als selektiv beobachtet werden, das heißt mit Alternativen verglichen werden. Wenn und weil man miteinander spricht, kann man auch anders miteinander sprechen. Wer jedoch abweicht, wird angenehm oder unangenehm auffällig und muss mit neuen Selektionen rechnen.

Die Entscheidung für die Kommunikation und gegen die Handlung als das Element, aus dem soziale Systeme bestehen, fällt mit der Begründung, dass es leicht fällt, sich eine Kommunikation als eine Kopplung verschiedener Selektionen vorzustellen, während Handlungen immer als Einzelselektionen auftreten (SS 192). Luhmann könnte auch sagen, dass es leicht fällt, sich Kommunikation als hinreichend komplex vorzustellen, während Handlungen zu einfach gebaut sind. Eine hinreichend komplexe Kommunikation ist für das soziale System nicht weiter auflösbar, es muss sie bestandsfest als das hinnehmen, was sie ist. Und dies gilt, obwohl sich die Kommunikation ausschließlich dem System selber verdankt. Würde das System nicht längst operieren, hätte die Kommunikation nicht das Material an Selektionen, aus dem sie sich gewinnt. Die Handlung hingegen tritt als einzelne auf und verweist auf einen Handelnden. Das bringt den Beobachter ins Rutschen, das er nur aufhalten kann, indem er sich an der Subjektivität und den Intentionen des Handelnden orientiert und dann je nach Geschmack die Subjektivität philosophisch, humanistisch und liberal auf sich beruhen lässt und die Intentionen entweder psychologisch als Ergebnis von Motiven (mit deren Hilfe das Individuum seine neurophysiologische Erregung zu ordnen versucht) oder soziologisch als Ergebnis von Sozialisation (mit deren Hilfe die Gesellschaft sich ihre Individuen zurechtlegt) beschreibt.

Damit ist die entscheidende Weichenstellung dieses Kapitels bereits im ersten Abschnitt vorgenommen. Luhmanns Systemtheorie ist primär eine Kommunikationstheorie. Aber sie hat nicht nur Verständnis für die Beschreibung von Handlungen, sondern sie hält diese Beschreibung für funktional unerlässlich, weil das Verständnis der Kommunikation *als* Handlung der Kommunikation jene Reduktionen der eigenen Komplexität liefert, aus denen sie im Gegenzug, nämlich im Zuge der Beobachtung derselben Handlung als Selektion, wiederum ein Gefühl für ihre eigene Komplexität gewinnt. Deswegen trägt das Kapitel die Überschrift „Kommunikation und Handlung" und deswegen endet das Kapitel mit der „Doppelantwort" auf seine Frage danach, woraus soziale Systeme bestehen, indem es heißt: Sie bestehen „aus Kommunikationen und aus deren Zurechnung als Handlung" (SS 240). Luhmann hat Zeit seines Lebens mit der Konjuktion „und" immer ebenso präzise gearbeitet wie mit dem Genitiv. Wenn ein „und" in einem Titel oder in einer Formulierung auftaucht, bedeutet das, dass das Problem der operativen Einheit der durch das „und" miteinander verknüpften Sachverhalte entweder begrifflich noch nicht gelöst ist oder als dieses

Problem konstituierende Bedeutung für einen bestimmten Gegenstand hat. Und auch der Genitiv deutet auf eine Abhängigkeit, deren Charakter entweder begrifflich noch nicht verstanden worden ist oder wiederum vom Gegenstand in funktional brauchbarer Uneindeutigkeit gehalten wird.

Beides trifft auch in unserem Fall zu. Wenn ein soziales System aus Kommunikationen und (!) deren (!) Zurechnung als Handlung bestehen, dann markiert eine so präzise arbeitende Theorie wie die Luhmanns damit, dass die Verknüpfung von Kommunikation und Handlung ebenso notwendig wie unklar ist und die Abhängigkeit der Handlung von der Kommunikation ebenso unzweifelhaft wie uneindeutig ist. Die Pointe an dieser Formulierung ist, dass die Theorie mithilfe des Koordinativ-Junktors „und" und mithilfe der Genitiv-Junktion „deren" eine Problemstellung markiert, die für den Gegenstand, das soziale System, nicht etwa bedeutet, dass er am Ende ist, weil diese Fragen nicht geklärt sind, sondern ganz im Gegenteil überhaupt erst zustande kommen kann, weil er sich als Klärung dieser Fragen laufend selber betätigen und bestätigen kann.[2]

Materialiter antwortet der Kommunikationsbegriff auf die in den ersten drei Kapiteln des Buches entfaltete Begrifflichkeit des sozialen Systems und weist das „und" zwischen Kommunikation und Handlung voraus auf die in den folgenden acht Kapiteln des Buches herausgearbeitete Möglichkeit, das System als eine Differenz zu begreifen, deren Einheit zwangsläufig eine mitlaufende Außenseite, eine unbestimmte, aber laufend neu zu bestimmende Abhängigkeit impliziert. Diese Außenseite bekommt in den Kapiteln 5 bis 7 die Namen „Umwelt", „Mensch" und „Psyche". In den Kapiteln 8 und 9 wird gezeigt, dass die Differenz nur als Zeit Struktur gewinnt, als Widerspruch ausgehalten werden muss und als Konflikt nur verschoben und nie gelöst werden kann. Und die Kapitel 10 bis 12 ziehen daraus einige Schlussfolgerungen für den Aufbau der Gesellschaft, ein mögliches Verständnis von Rationalität und die Formulierung einer Erkenntnistheorie. Allerdings zieht sich die Unruhe der immer nur „selektiven Akkordierung" auch der Begriffe bis zum Schluss des Buches durch, so dass man immer wieder Gelegenheit hat, Problemstellungen zu variieren und Begriffsentscheidungen anders zu treffen.

2 Siehe zur grammatikalischen Bedeutung des Koordinativ-Junktors und der Genitiv-Junktion Harald Weinrich, *Textgrammatik der deutschen Sprache*, 4., rev. Aufl., Hildesheim: Olms, 2007, S. 799ff. und S. 706ff.

4.3

Die Abschnitte II bis VII des Kapitels 4 dienen der Begründung und Ausarbeitung der Entscheidung für die Kommunikation als Element des sozialen Systems, bevor dann in Abschnitt VIII die dazu passende Handlungstheorie ausgearbeitet wird, in Abschnitt IX davor gewarnt wird, eine Reduktion von Komplexität mit dem Verschwinden von Komplexität gleichzusetzen, und in Abschnitt X der Schließung des Systems als und durch Kommunikation dessen Öffnung als und durch Zurechnung auf Handlungen gegenübergestellt wird.

Die Bewegung des Arguments führt in diesem Kapitel ähnlich wie in anderen Kapiteln von der Soziologie zunächst weg auf so ungewohnte Felder wie die mathematische Kommunikationstheorie, die Bewusstseinsphilosophie und die Dekonstruktion, dann jedoch wieder zurück zur Soziologie, deren Verständnis von Struktur, Kultur und Handlung eine ausführliche Würdigung und Neuformulierung erfährt, und schließlich hinaus aus der Soziologie auf das noch unbestimmte Feld einer Theorie gesellschaftlicher Komplexität, das seither im Schnittpunkt kulturwissenschaftlicher Medientheorien, neurowissenschaftlicher Kognitionstheorien, linguistischer Kontextualisierungstheorien und computerwissenschaftlicher Informationstheorien auf seine weitere Bestellung wartet.

Die Rezeption des Kommunikationsbegriffs in der Soziologie scheitert schon daran, dass man keinen Zugang zur mathematischen Theorie der Kommunikation findet, wie sie Claude E. Shannon und Norbert Wiener entworfen haben. Nach wie vor ist unklar, ob und wie man mit den beiden Prämissen Shannons umgehen kann, dass es erstens zwischen „Sender" und „Empfänger" eine (durch wen?) feststellbare, wenn auch durch Rauschen störbare Identität der ausgetauschten Nachrichten geben kann und dass zweitens der Auswahlbereich der einzelnen Nachricht (etwas als Alphabet) technisch gegeben sein muss, damit der statistisch definierte Informationsbegriff Shannons zur Geltung kommen kann. Shannon selbst hat diese Prämissen für unverzichtbar gehalten und sozialwissenschaftliche Anwendungen seiner Theorie daher ausgeschlossen.

Luhmann setzt sich über diese Schwierigkeiten hinweg, indem er schreibt, dass der „seit Shannon und Weaver übliche Informationsbegriff [...] es leicht (macht)" (SS 194), Kommunikation als Selektion und im Anschluss daran als „dreistelligen Selektionsprozess" von Information, Mitteilung und Verstehen zu formulieren. Denn: „Information ist nach heute geläufigem Verständnis eine Selektion aus einem (bekannten oder unbekannten) Repertoire von Möglichkeiten" (SS 195). Nichts, muss man leider sagen, ist in der Soziologie und vielfach auch darüber hinaus weniger geläufig als dies.[3]

Luhmann bringt die Konsequenz des Verständnisses von Information als Selektion mit einer eleganten Formulierung dadurch auf den Punkt, dass er sagt, eine Mitteilung werde in der Kommunikation „als Erregung prozessiert" (SS 194). Damit ist deutlich, dass man von der Beobachtung von Sendern und Empfängern auf die Ebene des sozialen Systems wechseln muss, um verstehen zu können, was diese Erregung erregt und wie diese Erregung für die Suche nach Anschlüssen, neue Erregungen produzierend, genutzt wird - wenn sie nicht, diese Möglichkeit läuft immer mit, die Teilnehmer an einer Kommunikation eher dazu anregt, das Weite zu suchen.

Die Formulierung der Mitteilung als Erregung macht jedoch deutlich, dass soziale Systeme ihre Unruhe nur bewältigen können, wenn sie zum einen nach Informationen suchen, die in einer Mitteilung enthalten sein könnte (Informationen über einen Sachverhalt oder auch Informationen über den Mitteilenden selber), und es sich zum anderen offen halten, wie die Information und die Mitteilung in ihrer Differenz und damit in ihrem Bezug aufeinander verstanden werden können. Das soziale System überlässt dieses Verstehen nicht den beteiligten Individuen, das ginge zum Teil zu schnell, vielfach auch zu langsam und wäre in jedem Fall unüberprüfbar und viel zu divergent, sondern erarbeitet sich dieses Verstehen selber, ausschließlich orientiert an der Frage, ob und wie es weitergehen kann.

Luhmann arbeitet dieses Verständnis von Kommunikation als Synthese dreier Selektionen in Abschnitt II aus, vergleicht es in Abschnitt III kritisch mit Annahmen der Bewusstseinsphilosophie Husserls (zu wenig Sinn für die Sozialdimension) und der Dekonstruktion Derridas (zu starke Orientierung an Zeichenprozessen) und geht in Abschnitt IV auf die vermutlich wachsende Unruhe des Lesers ein, der sich fragt, woran man sich in diesen hoch beweglichen Prozessen der „selektiven Akkordierung", aus denen soziale Systeme im flagranten Widerspruch zum Stichwort der Beweglichkeit auch noch „bestehen" sollen, denn noch halten könne. Luhmann greift diese Unruhe

3 Siehe deswegen meine Versuche in *Kommunikation*, Leipzig: Reclam, 2005; und *Form und Formen der Kommunikation*, Frankfurt/M.: Suhrkamp, 2005.

auf und teilt dem Leser mit: an Ontologien jedenfalls nicht. Wer dieser Kommunikationstheorie ausweichen möchte, um zunächst einmal festzuhalten, „was der Fall ist", und erst dann möglicherweise abweichende Meinungen über diesen Fall austauschen und Irrtümer korrigierend, Ziele abstimmend, Mittel vereinbarend und Vertrauen bestätigend miteinander zu versöhnen, der sitzt einem Trick auf, der schon bei den alten Griechen, den Erfindern der Ontologie, nicht funktioniert hat. Luhmann bezeichnet die Ontologie daher als eine „Pression" (SS 205). Sie klärt nicht außerhalb der Kommunikation, was der Fall ist, sondern nimmt selber an der Kommunikation mündlich und schriftlich teil. Hinzu kommt, dass sie im Rahmen ihrer Klärung der Frage, was der Fall ist, nur als Streit über die Sache, also wiederum kommunikativ, ausgetragen werden kann und es in keiner Weise hilft, sondern den Trick nur verlängert, dem „sophistischen" Interesse am Streit ein „philosophisches" Interesse an der Wahrheit gegenüberzustellen. Denn niemand weiß, worin Letztere besteht. Und wer doch auf ihr besteht, tut dies entweder skeptisch oder polemisch, also wiederum: kommunikativ.

Sobald man jedoch selbst ein so ehrwürdiges Unterfangen wie die Ontologie als Pression bezeichnet, die eine kommunikative Funktion erfüllt, wird zum einen deutlich, dass es einen Bedarf an Halt gibt, und dies sowohl unter jenen, die die Pression ausüben, als auch unter denen, die sie entweder dankbar oder resigniert nachfragen, und wird zum anderen erkennbar, dass es für die Ontologie in der Hinsicht dieser Funktion Äquivalente gibt, nämlich die in der soziologischen Theorie mindestens ebenso ehrwürdigen, von Talcott Parsons und Luhmann beschriebenen symbolisch generalisierten Kommunikationsmedien. Auf das Vergnügen, diesen Vergleich zu ziehen, verzichtet Abschnitt IV nicht, kann man doch so die Philosophie mit dem Geld, der Macht, der Liebe oder dem Glauben vergleichen (und von all diesen Medien im nächsten Schritt auch unterscheiden) und damit unter Beweis stellen, zu welchen Einsichten die funktionale Analyse in der Lage ist. Auch hier ist dieses Vergnügen kein rein theoretisches, sondern kann für die Ausformulierung eines empirischen Forschungsprogramms genutzt werden, das nach der (abnehmenden) Attraktivität der Ontologie im Kontext der (zunehmenden) Ausdifferenzierung von Kommunikationsmedien fragt.

Nachdem Abschnitt IV den Ausweg in die Philosophie verbaut hat und Abschnitt V auch die Hoffnung darauf nimmt, man könne gleichsam die Flucht nach vorne antreten und an die Stelle kommunikativer Komplikationen die aufrichtige Kommunikation setzen (die daran scheitert, dass die Kommunikation von Aufrichtigkeit paradoxerweise den Zweifel weckt, ob jemand es aufrichtig meint), löst Abschnitt VI das Rätsel, auf welche Strukturen sich die Kommunikation denn dann verlassen kann. Es sind Themen und Beiträge. Themen machen erkennbar, worum es in der Kommunikation geht und ermöglichen es ihr, sowohl abzulehnen, was nicht zu ihr gehört, als auch das Thema bei Bedarf zu wechseln, um darüber zu reden, was bisher ausgeschlossen wurde. Und Beiträge ordnen zum einen die Sequenz der Teilnahme an der Kommunikation sowie das *turn-taking*, das jede Kommunikation je unterschiedlich zumutet beziehungsweise in Aussicht stellt (im Theater ist man überrascht, wenn man plötzlich mitspielen soll, bei einer Party wäre man verstimmt, wenn man nicht auch einmal etwas sagen darf), und sie stellen eine soziale Rangordnung der Teilnehmer an der Kommunikation her, was es erleichtert, die Kommunikation in herrschende Verhältnisse einzubetten und konfliktbereite Beiträge entweder zu ermutigen oder einzuladen, je nach Ritualisierung und Inszenierung der Kommunikation.

Abschnitt VII baut dieses Verständnis von kommunikativen Strukturen zu einem Vorschlag aus, was man unter einer „Kultur" verstehen könne, nämlich einen Vorrat an Themen, die jederzeit zu erkennen erlauben, welches Verhalten und welche Beiträge in verschiedenen Situationen passend und damit richtig oder unpassend und damit falsch sind. Auch dieser Themenvorrat wird in der Kommunikation produziert und von der Kommunikation vorgehalten, so dass er auch in der Kommunikation dem Streit und dem Wandel ausgesetzt werden kann. Denn jedes Thema ermöglicht die Beobachtung dessen, was das Thema ausschließt.

Themen, Beiträge und das Verständnis der Kultur als Themenvorrat sind zugleich die Ebene, auf der das in diesem Kapitel vorgeschlagene Verständnis von Kommunikation am besten erprobt und eingeübt werden kann. Man kann auf Themen, Beiträge und Kulturen in der Familie, im Seminar, in der politischen Diskussion, auf Gremiensitzungen in kleinen und großen Organisationen, in den Massenmedien und in Protestbewegungen achten und wird daraus sehr schnell ein Gefühl dafür entwickeln können, welche Dynamik dem sozialen System und welche den beteiligten Personen zuzurechnen ist. Letztlich ist die einfachste Einladung, die Luhmann ausspricht, diejenige, bei der Beobachtung sozialer Phänomene mindestens mit diesen beiden Systemreferenzen zu rechnen, mit der Referenz auf soziale Systeme und mit der Referenz auf psychische Systeme und die ihnen zuzuordnenden Gehirne, Körper und Verhaltensweisen. Zuweilen zeichnet bereits diese Fähigkeit, die Systemreferenz wechseln zu können, einen guten Soziologen aus. Spätestens dann, wenn man beide Systemreferenzen beherrscht, kann man sich darauf konzentrieren, ihre Verschaltung und Verrechnung beziehungsweise ihre „Form" im Sinne von Spencer-Brown in sozialen Situationen aller Art zu beobachten und zu beschreiben. Man kann die Teilnehmer an sozialen Phänomenen mit solchen Beobachtungen überraschen, verärgern und bereichern. Und man wird feststellen, dass die Fähigkeit zum Wechsel der Systemreferenz dosiert eingesetzt werden muss, weil der Gegenstand sich sonst unter Umständen nicht ernst genommen fühlt. Man wird jedoch auch feststellen, dass bereits diese minimale Kompetenz, mit Taktgefühl eingesetzt, zur Aufklärung wie auch zur Therapie und Strategiefindung führen kann.

4.4

Ohne eine Übung dieser Fähigkeit zum Systemwechsel wird man an der Lektüre des Abschnitts VIII dieses vierten Kapitels jedoch vermutlich eher scheitern. Es stellt den soziologischen Höhepunkt des Kapitels dar, indem es die Frage aufgreift, was man mit dem Handlungsbegriff machen kann, nachdem man Gründe genug gefunden hat, ihn dem Kommunikationsbegriff nachzuordnen. Die Antwort auf die Frage liest sich einfach: Handlung ist das, worauf sich die Kommunikation zurechnet, um im laufenden Prozess Anhaltspunkte für die Reduktion ihrer Komplexität zu gewinnen. Die Zurechnung auf Handlung erlaubt es, die Kommunikation zu asymmetrisieren (die einen handeln, die anderen werden behandelt) und zu punktualisieren (erst hast du gehandelt, dann habe ich gehandelt), obwohl sowohl die Asymmetrisierung als auch die Punktualisierung strikt Ansichtssache bleibt, also von jedem Beobachter, auch den teilnehmenden Beobachtern, anders gesehen werden kann (und damit zum Streit ebenso einlädt wie sie ihn zu schlichten versucht).

Aber der Teufel steckt im Detail. Wie gelingt es einer Kommunikation, *sich* zuzurechnen? Wie macht sie das? Und wie beantwortet man diese Fragen, wenn man gleichzeitig liest, dass Kommunikation „nicht direkt beobachtet, sondern nur erschlossen werden kann" (SS 226). Und woraus wird sie erschlossen?

Aus Handlungen beziehungsweise aus einem Handlungssystem, als das sich das Kommunikationssystem „ausflaggt“ (ebd.). Spätestens hier scheint sich die Katze in den Schwanz zu beißen. Doch das ist für den geübten Systemtheoretiker ja nur das Signal, es mit einem robusten, das heißt verlässlichen und bei aller Beweglichkeit der Verhältnisse widerstandsfähigen Zirkel zu tun zu haben. Die Zurechnung auf Handlung liefert der Kommunikation jene Anhaltspunkte in der Beobachtung von Akteuren, Situationen und Intentionen, die sie gleich anschließend wieder auflöst, um sich nicht an Identitäten zu binden, die den möglichen Verweisungsreichtum des Sinns zu stark begrenzen. Man könnte auch sagen, dass die Zurechnung auf Handlung mit ihren scheinbaren Eindeutigkeiten der Kommunikation den Beweis dafür liefert, dass sie besser fährt, wenn sie sich an ihre eigene Perspektivenvielfalt hält. Letztlich ist dies das entscheidende Argument für Luhmann, im weiteren Verlauf seiner Theorieentwicklung eher auf die ambivalenzfreundliche und -taugliche Kommunikation als auf die allzu identitätslastige Handlung zu setzen, wenn es darum geht, die basalen Elemente sozialer Systeme zu bestimmen. So sehr sich die Zurechnung auf Handlung zur Reduktion von Komplexität eignet, so wenig darf es genau dabei bleiben. Und je mehr sich Luhmann in der Entfaltung seiner Theorie sozialer Systeme im Anschluss an den Entwurf des Buches „Soziale Systeme“ auf die Probleme einer rekursiven Reproduktion von Komplexität konzentrieren wird, desto seltener wird er auf seine eigene Formulierung, dass soziale Systeme *auch* aus der Zurechnung der Kommunikation auf Handlung „bestehen“, zurückkommen.

5

Elena Esposito

Doppelte Kontingenz (4. Kapitel)

5.1

Dieses Kapitel führt einen Schlüsselbegriff für die Konstruktion der Theorie und für ihre Interpretation des Sozialen ein. Aus der Sicht der Systemtheorie kann das gesamte Soziale als Antwort auf das Problem der doppelten Kontingenz gesehen werden, auf das alle Begriffe der Theorie implizit verweisen. Es ist spannend zu sehen, wie Luhmann die anderen zentralen Begriffe (Sinn, System, Kommunikation, Interpenetration) in Bezug auf die Grundparadoxie des Sozialen liest und dabei eine strenge Konstruktion schildert, die sich in allen Artikulationen bestätigt und differenziert. Doppelte Kontingenz dient der Selbstgründung der Soziologie, die in der Identifizierung ihres Gegenstandes sich selbst definiert und zugleich im Vergleich zu anderen Theorien mit anderen Objekten qualifiziert – auch der soziologischen Tradition gegenüber, die nicht immer mit dieser Klarheit über sich selbst reflektiert hat.

Nicht zufällig wird der Begriff von doppelter Kontingenz im dritten Kapitel des Buches eingeführt (nach System und Sinn), in einem Prozess der graduellen Annäherung an den Gegenstand der Soziologie: Beginnend mit der allgemeinen Systemtheorie geht er über zu den Sinnsystemen und dann zum speziellen Typ der sozialen Systeme[1]. In Luhmanns Fassung dient das Konzept als Schar-

1 Die Gesellschaftstheorie ist eine weitere Spezifizierung, der in den folgenden Jahren mehrere Monographien gewidmet wurden, bis zum großartigen Gesamtbild von *Die Gesellschaft der Gesellschaft*.

nier zwischen philosophischer Tradition (vor allem Modaltheorie und Phänomenologie) und Soziologie. Das zeigt schon sein Name: Im angloamerikanischen Verständnis hat nämlich „contingency" eine andere Bedeutung, und Luhmanns Definition kombiniert beide Interpretationen.

Die ursprüngliche Formulierung der doppelten Kontingenz geht auf Parsons zurück, der sich (im angelsächsischen Sinne von „contingent on" als „abhängig von") auf die Komplementarität des Verhaltens zweier Akteure bezog, die gegenseitig ihr Handeln davon abhängig machen, wie der andere handelt. Das Interessante ist, dass dadurch ein Zustand der Unbestimmtheit entsteht, weil niemand über die Elemente verfügt, um entscheiden zu können: „Ich tue, was Du willst, wenn Du tust, was ich will" (SS 166) – und natürlich tut niemand etwas. So entsteht eine typische paradoxale Lage, in der eine Seite der Unterscheidung auf die Gegenseite verweist und umgekehrt, in einer Oszillation, die Entscheidung und Handlung unmöglich macht. Wegen dieser paradoxen Struktur ist der Begriff von doppelter Kontingenz die Grundlage von Luhmanns Theorie. Dies wird deutlicher in den späteren Werken, in denen der logische Aufbau und die zentrale Rolle von Antinomien und Zirkularität explizit werden. Bereits in „Soziale Systeme" ist jedoch Luhmanns Einstellung klar, und der Ansatz unterscheidet sich deutlich von alternativen Theorien.

Die anderen Autoren (in der Regel Soziologen), die das Problem erkannt haben, lösten meistens die Paradoxie durch Rekurs auf eine Einheit, nämlich durch Beseitigung der Unbestimmtheit: Parsons vollzog dies mit dem normativen Bezug auf ein „shared symbolic system" (SS 174), der symbolische Interaktionismus durch „Halbierung" der doppelten Kontingenz und Rekonstruktion der Wahl der Gegenseite in der Perspektive jedes Handelnden (SS 154), Simmel durch eindeutige Grenzen zwischen den verschiedenen Perspektiven (SS 177). Luhmann entscheidet dagegen, die Unbestimmtheit zu bewahren und von ihr aus zu erklären, wie die Paradoxie eine komplexe Ordnung hervorrufen kann, welche die Verschiedenheit der Perspektiven bewahrt und valorisiert.

Doppelte Kontingenz beschreibt für Luhmann die Begegnung zweier black boxes, die füreinander intransparent bleiben, aber voneinander abhängig sind und gegenseitig darum wissen. Eine gewisse Transparenz, Ausgangspunkt für das

Die anderen sozialen Systeme (Interaktionen, Organisationen, Protestbewegungen) wurden in anderen Arbeiten betrachtet.

In-Gang-Setzen einer sozialen Dynamik, entsteht nicht, weil jeder weiß, was der jeweils andere denkt und will (eine unrealistische und sogar beunruhigende Perspektive), sondern weil beide wissen, dass auch der andere entscheidet, wie er sein Verhalten nach dem Verhalten der Gegenseite ausrichtet. Transparenz entsteht also aus Abhängigkeit. Beide sind frei in der Entscheidung, und gerade deshalb wissen sie zunächst nicht, was zu tun ist. Es reicht dann, dass etwas passiert (eine Begrüßung, eine Mitteilung, eine Geste), um eine Dynamik der gegenseitigen Konditionierung in Gang zu setzen und eine Art Koordination zu produzieren. So entsteht eine Ordnung, in der die Selektionen des einen zirkulär von den Selektionen der Gegenseite abhängig sind, also jeder in Bezug auf den anderen operiert, ohne wissen zu müssen, was der andere denkt und will.

Aus dieser Asymmetrisierung der Paradoxie der doppelten Kontingenz, die die sterile Oszillation überwindet, in welcher eine Seite nur auf die Gegenseite verweist, geht die Konstitution einer emergenten Ordnung hervor, d. h. die Autopoiesis eines sozialen Systems. Die Elemente dieses Systems sind Operationen, die auf die Elemente keines der beteiligten Systeme zurückgeführt werden können. Sie bleiben sozusagen im betreffenden System „eingesperrt". Rekursiv entstehen die einen Elemente aus den anderen – in einer Form der Autokatalyse. Jede Bindung produziert weitere Bindungen in einer immer komplexeren Konstruktion. Im Kapitel 4 wird Luhmann erklären, dass diese Operationen Kommunikationen sind und zeigen, wie sie gebaut sind.

5.2

Um eine solche emergente Ordnung zu produzieren, ist die gegenseitige Abhängigkeit der beteiligten Systeme, aber auch ihre Freiheit nötig: Jedes System kann zwischen verschiedenen Verhaltensweisen wählen, was es gleichzeitig intransparent macht. Wie Luhmann schreibt, wird diese „Transparenz trotz intransparenter Komplexität" (SS 159) mit Kontingenzerfahrung „bezahlt". Hier trifft der soziologische Diskurs über doppelte Kontingenz auf die modale Tradition, d. h. die zweite Bedeutung des Begriffs, die sich auf die Eröffnung und Schaffung von Möglichkeiten bezieht – auf die Frage des Sinns.

In der Philosophie wird als „kontingent" das bezeichnet, was weder notwendig noch unmöglich ist, was existieren kann, aber auch nicht existieren oder anders existieren könnte. Das Kontingente erfasst begrifflich das, worüber man nichts Endgültiges sagen kann, sondern in jeweiliger Relation zu den Bedingungen und dem Kontext betrachtet werden muss. Es überrascht nicht, dass in der Tradition das Thema vernachlässigt worden ist: Zwar wurde es schon von Aristoteles definiert, aber in den folgenden Jahrhunderten redete man von Kontingenz fast ausschließlich in Bezug auf die theologische Frage der Grenzen göttlicher Allmacht, nicht als spezifisches Thema. Während das Mögliche abstrakt analysiert werden kann (es ist einer der Grundbegriffe der Modaltheorie und der Modalkalküle), muss in der Beschreibung von Kontingenz eine spezifische Realitätsreferenz angegeben werden, in Bezug derer Möglichkeiten und Alternativen gebaut werden: Der Bezug auf die Gesamtheit aller möglichen Welten reicht nicht aus, man muss die *Möglichkeiten* einer realen Welt (die Welt des Möglichen) angeben.

Das Thema steht eher der Soziologie nah, insbesondere der Frage nach der emergenten Ordnung, wie Luhmann sie versteht: Nach ihm ist sie eine Ordnung, die aus einer Paradoxie entsteht und auf Freiheit und Intransparenz der Beteiligten beruht. So gewinnt die Zirkularität der doppelten Kontingenz eine andere Bedeutung: Ego und Alter sind beide kontingent in dem Sinne, dass sie frei sind, ihr eigenes Verhalten zu entscheiden aber sie sind doppelt kontingent, weil die Kontingenz des einen die Kontingenz des anderen reflektiert und beeinflusst. Doppelte Kontingenz bedeutet hier keine einfache Kontingenz – multipliziert für die Anzahl der beteiligten Systeme. Doppelte Kontingenz bedeutet vielmehr, die zirkuläre Lage, in der die Möglichkeiten des einen von den Möglichkeiten des anderen abhängig sind.

Die soziale Ordnung beruht auf doppelter Kontingenz, aber man soll an keine historische Entwicklung denken, bei der es zuerst eine lähmende Lage der doppelten Kontingenz gibt und dann die Kommunikation eingeführt wird, um sie zu lösen (ES 321). In ihrer „reinen" Form der vollständigen Unbestimmtheit trifft man doppelte Kontingenz in der sozialen Wirklichkeit nie an – wie das Mögliche überhaupt nie angetroffen wird. Genauso kann ein Beobachter immer nur das „unmarked space" sehen, das die jeweilige Beobachtung ermöglicht (eine Formulierung, die Luhmann später aus Spencer Browns Formenkalkül ziehen wird und verwenden wird, um die paradoxe Grundlage der Entstehung der Systeme zu beschreiben). Was beobachtet wird, ist immer ein „marked state"; das unterschieden wird von einem „unmarked state". Es schließen sich in der Beobachtung dann eine Reihe von Operationen an, die von dem einem zum anderen übergehen oder die erste Bezeichnung bestätigen. Erst innerhalb der laufenden Beobachtung wird der Originalzustand überwunden, der sich ursprünglich über den Mangel an Unterscheidungen definierte. Er wird sozusagen rekonstruiert und existiert gleichsam erst dann, wenn er überholt wurde. Dasselbe gilt für doppelte Kontingenz, die in „neutralisierter" Form in den Interaktionen erfahren wird: Interaktionen beruhen auf gegenseitiger Abhängigkeit (wer bewegt sich als erster, um den Aufzug zu verlassen?). Sie bleiben wie ein „Dauerproblem" (SS 177) in allen sozialen Operationen. Sie treten in all den Fällen in Erscheinung, in denen man sich in einer laufenden Kommunikation über die Möglichkeit der Kommunikation selbst (die es ja schon gibt) befragt: In der Kommunikation über die Kommunikation klärt man die Konstellation der gegenseitigen Selektionen, die eine soziale Dynamik in Gang setzt. Die Kontingenz der Teilnehmer besteht somit nicht aus abstrakt gegebenen Möglichkeiten, sie entsteht mit der Kommunikation.

Auch die Unvorhersehbarkeit des Verhaltens anderer entsteht erst, wenn es eine dazu gerichtete Erwartung gibt, d. h. erst in einer sozialen Lage – sonst tut man einfach das, was man tut. Wenn eine Erwartung entsteht, entsteht auch die Möglichkeit, sie zu enttäuschen. Damit ergibt sich erst die Idee des abweichenden Verhaltens, die sonst nicht eingefallen wäre: Das Soziale ergibt sich in der Form der Differenz von Gleichsinnigkeit oder Diskrepanz (SS 153). In Luhmanns Formulierung ist die Reflexion über doppelte Kontingenz die Antwort auf die klassische Frage:"Wie ist soziale Ordnung möglich?" Sie wird von einer vorhandenen sozialen Ordnung aus gestellt. Die Antwort darauf kann nur paradox sein.

5.3

Doppelte Kontingenz entsteht nicht historisch, sie entsteht aber in der Zeit. Hier unterscheidet sich Luhmann von Parsons, denn diese Argumentation erlaubt es ihm, Unbestimmtheit und ihre Lösung zugleich zu erhalten. Der Ausweg aus der Zirkularität der gegenseitigen Abhängigkeit ist bis dahin immer in einem externen Halt gesucht worden, auf dem man soziale Ordnung (seit Hobbes) begründen wollte. Für Parsons, wie für Durkheim oder Weber, handelte es sich um gemeinsame Werte, die eine Form von Konsens ermöglichen. Daraus erwuchs entsprechend die Frage in einer weiteren ungelösten Zirkularität, was den Konsens begründet, der die Suche nach Konsens ermöglichen soll.

Luhmann umgeht diese Problematik, indem er einen anderen Weg nimmt. Er versucht, eine Grundlage in der Geschichte zu finden – verstanden nicht als Fortschritt, sondern bloß als die Richtung, bei der eine Operation einer anderen Operation folgt, die sich auf erstere bezieht. Die Grundlage befindet sich in der Zeit, und zwar – unabhängig von jeglichem Inhalt – in der reinen Zeit-Dimension. In ihr werden Irreversibilitäten und Reversibilitäten laufend produziert und kombiniert, nämlich in der Form einer Vergangenheit, die nicht mehr geändert werden kann (obwohl sie anders sein könnte und immer neu interpretiert wird) und einer noch ausstehenden Zukunft (obwohl sie davon abhängt, was ihre Vergangenheit möglich macht). Wenn diese Dynamik in Gang kommt, kann man nicht mehr alles tun, weil es einen Vorfall gibt, der nicht ignoriert werden kann, und Folgen entstehen, die berücksichtigt werden müssen: „der Anfang ist fatal" (Luhmann 1988, 49).

Das ist die einfache Grundlage, die doppelte Kontingenz in Bewegung setzt: Jemand tut etwas, macht einen Vorschlag oder eine Geste, und der andere muss reagieren, unabhängig davon, ob er die Kommunikation selbst oder deren Inhalt ablehnt. Kein Konsens ist nötig, um eine Abfolge von sozialen Operationen zu starten: Konsens sowie Dissens sind nur im Nachhinein möglich. Die Abfolge der Operationen reicht, die in Rückgriffen und Vorgriffen ihre Identität in Bezug auf früheren und späteren Operationen bildet. Kontingenz bleibt (nichts zwingt, sich so oder anders zu verhalten), aber mit ihr entsteht eine Ordnung, die erlaubt, Selektionen aufeinander zu beziehen und eine Struktur zu generieren.

Die einzige Form der Notwendigkeit, die kompatibel ist mit dieser Konstruktion, kann mit dem frühmodernen Ausdruck „necessità cercata" (gesuchte Notwendigkeit) (SS 188) beschrieben werden: Sie bezeichnet eine Notwendigkeit, die a posteriori infolge der früheren Operationen entsteht, welche (wie alles andere) kontingent sind aber nicht mehr verändert werden können.[2] Jede Operation ist eine Selektion, die *eine* Möglichkeit statt einer anderen

2 Luhmann hat eine Art Überführung dieser Erklärung in die Struktur der Theorie vorgenommen, verbunden mit der Beschreibung der grundlegenden existenziellen Lage der Systemtheorie: Dies beschrieb Luhmann einige Jahre davor mit der viel zitierten Formel „alles könnte anders sein, aber fast nichts kann ich ändern" (1971a, S.44).

wählt, die aber auch Folgen für die Möglichkeiten mit sich bringt, aus denen man später auswählen wird. Sie schränkt nämlich auch die Voraussetzungen der späteren Selektionen ein, also die Möglichkeiten, aus denen man in der (offenen) Zukunft wählen wird: Man weiß zwar nicht, was man wählen wird, wird aber nicht irgend etwas wählen können. Die Möglichkeiten sind nicht abstrakt gegeben, sondern entstehen jeweils als Projektionen der Realität, als Horizont der getroffenen Selektionen. Diese „Doppelselektivität" ist eine weitere Formulierung der berühmten umstrittenen „Erhaltung und Reduktion der Komplexität" (1971b, § II) durch die Operationen von Systemen: Jedes Datum ist nur als Selektion gegeben, d. h. als Ausschluss von alternativen Möglichkeiten: Man entscheidet sich, etwas zu sagen oder zu tun, und diese Wahl generiert eine Vielzahl weiterer offener Möglichkeiten, die es früher nicht gab. Aus diesen muss wiederum ausgewählt werden: Man kann antworten oder nicht antworten, und auf viele verschiedene Weisen kann Konsens oder Dissens geäußert werden. Die Reduktion der Möglichkeiten produziert also weitere zu reduzierende Möglichkeiten.

5.4

Die Grundlage dieser Dynamik kann im Zufall gefunden werden. Ohne dass ein Grund vorausgehen muss, führt der Zufall dazu, den Zirkel der doppelten Kontingenz zu brechen: Allein dadurch, dass man etwas tut, wird bereits die soziale Dynamik in Gang gesetzt. Soziale Dynamik begründet sich also auf einen Mangel an Gründen. Dies zwingt zu besonderer Reflexivität. Es handelt sich wieder um eine Grundlage a posteriori, die erst dann „unmotiviert" wird, wenn es Motive gibt. Die Ordnung entsteht aus Lärm („order from noise") und nicht aus Information, sie entsteht aus dem Zufall und nicht aus dem zielgerichteten Projekt: Dies zeigt auch von Foerster (1960), im Zusammenhang der Darstellung selbstreferentieller Elemente, die als Alter und Ego in sozialen Systemen gegeben sind: Um geordnete Formen zu produzieren, braucht man keine Ordnung (in diesem Fall Informationen oder konsensuelle Werte), sondern einfach Lärm und eine bloße Differenz, die eine Dynamik in Bewegung setzt, aus der dann eine Struktur entstehen wird. Erst dann gibt es Informationen, die von dieser Struktur erfasst und verarbeitet werden können und Differenz schaffen. Auch hier weicht Luhmanns Theorie von der weit verbreiteten Intuition ab, dass Zufall und Information unbedingt und ursachenlos, sozusagen frei in der Welt, verfügbar seien. Von der Welt kann man in der Systemtheorie ohne Bezug auf ein System (auf seine Differenz zur Umwelt und auf die Einheit dieser Differenz) nicht sprechen. Auch der Zufall existiert ohne eine Struktur nicht, mit der er nicht koordiniert werden kann: Er kann als „fehlende Koordination von Ereignissen mit den Strukturen eines Systems"(SS 170) definiert werden. Der Zufall existiert also, wenn ein Ereignis entsteht, das aufgrund der verfügbaren Informationen weder vorhergesagt noch erklärt werden konnte. Es ist also das System, dem zu einem bestimmten Zeitpunkt etwas als zufällig erscheint. Ohne das System, das den Zufall nicht erwartet, existiert der Zufall nicht, nicht einmal der Zufall, der Ursprung des Systems ist. Indem sich Zufall für ein System ereignet, wird die Zirkularität der doppelten Kontingenz asymmetrisiert und die Kommunikation initiiert.

Wenn die Struktur existiert, sind die Kommunikationen nicht mehr zufällig, aber dann entsteht auch die Möglichkeit, Zufall für die Erhöhung der eigenen Komplexität zu benutzen. Ein System ist umso komplexer, je mehr es in der Lage ist, Zufall in Struktur umzuwandeln: All das, was gesagt wird, auch die Weigerung der Kommunikation und jede spontane Geste, wird zur Kommunikation, die im Kreislauf der Reproduktion der sozialen Ordnung eintritt. Man muss nicht einverstanden sein, die selben Werte oder sogar die selbe Sprache teilen – es wird sowieso kommuniziert. Um sich dieser Ordnung zu entziehen, also den Zufall offen zu lassen, muss man die Kommunikation und die Interaktion verlassen (die Fernkommunikation hat andere Bindungen und andere Probleme). Luhmann Theorie der Evolution wird anderswo diesen Prozess zunehmender Strukturierung und Reproduktion des Zufalls beschreiben.

5.5

Die Grundbedingung der doppelten Kontingenz mit ihrer gegenseitigen Abhängigkeit bedeutet, dass jeder sich auf die Perspektive des anderen bezieht – auf die Kontingenz, die sein Verhalten rätselhaft und informativ macht. Das bedeutet aber auch, dass die Welt mit Perspektiven der Beobachtung, also mit anderen Systemen, gefüllt wird, die ihrerseits beobachten und selegieren. Für jedes der beteiligten Systeme werden die black boxes in der Umwelt zu Systemen mit ihrer Umwelt. Die Welt (als Einheit der Unterscheidung von System und Umwelt) enthält alle diese Perspektiven. Die Welt eines der doppelten Kontingenz ausgesetzten Systems gewinnt eine radikale Reflexivität: Für alle Daten und alle Informationen kann man sich fragen, wie die anderen sie verstehen und verarbeiten – auch wenn diese anderen nicht anwesend sind und man sich auf keine bestimmte Perspektive bezieht. Die Differenz System/Umwelt trennt sich vom Bezug auf jedes spezifische System mit seiner Umwelt und wird zur Weltdimension. Wie doppelte Kontingenz in jeder Operation implizit vorhanden ist, so erweitert sich die Kontingenzerfahrung auf die ganze Welt und wird zur Sozialdimension jeglichen Sinnes (siehe Kapitel 2) und damit zum unvermeidlichen Bezug auf die Selektivität der anderen (unbestimmten) Perspektiven. Alles kann von jemand anderem in einer anderen Lage anders gesehen werden. Diese Möglichkeit muss immer berücksichtigt werden und wirkt auf den Sinn jeder Operation ein.

Deshalb wird Alter zum Alter Ego. Die Ungewissheit und Unsicherheit von Ego wird in einen anderen projiziert, dem die gleiche Kontingenz zugeschrieben wird. Er erscheint dann als ein weiteres Ego (ein alter *Ego*) als Umkehrung der eigenen Perspektive in einer anderen Perspektive – aber auch als ein anderes Ego (ein *alter* Ego), das selbst kontingent und unvorhersehbar ist (SS 177). Alter Ego ist identisch und nicht-identisch zugleich und impliziert die Überführung der grundlegenden Paradoxie des Sozialen im Verhältnis zwischen Systemen. Zugleich wirkt in Alter Ego die Dynamik, die jedes System zum „unendlichen Horizont der Exploration" (Husserl) für jeden anderen macht.

5.6

Wie gesehen erklärt der Begriff der doppelten Kontingenz, wie soziale Ordnung möglich ist und schließt damit an die Basisfrage der ganzen soziologischen Forschung an: Das Soziale beruht auf doppelter Kontingenz und Soziologie beschäftigt sich mit ihren Folgen, also mit der Dynamik, die sie löst und sichtbar macht. Nicht alle soziologischen Theorien definieren sich aber über die *Frage* nach der doppelten Kontingenz, sondern über ihre *Antwort*. Im Kapitel über doppelte Kontingenz fügt Luhmann einen Exkurs ein (§ III), in dem er seine

Theorie genau über diesen spezifischen Zugang von den verbreiteten Ansätzen abgrenzt. Die verbreitetsten Theorien nehmen die Form von „netten, hilfsbereiten Theorien" (SS 164) an, die beabsichtigen, zur Lösung von „social problems" beizutragen, wie Devianz, Kriminalität, Vermehrung von Ungleichheiten. Die Voraussetzung für Erklärungsansätze solcher Art ist, dass es eine auf Konsens gegründete soziale Ordnung gibt und Störfaktoren hinzukommen, die ihre Realisierung verhindern. Aufgabe der Soziologie wäre danach, diese Probleme zu verstehen und zu ihrer Beseitigung beizutragen, bis zur Realisierung einer Ordnung, die nicht diskutiert noch legitimiert werden muss, weil sie vom Anfang an vorausgesetzt war.

Luhmanns Ansatz ist ganz anders und erfordert eine viel radikalere Problematisierung der Gesellschaft und ihrer Voraussetzungen. Er bezieht sich auch auf die bestehende soziale Ordnung, aber sieht sie als eine mögliche Lösung eines Problems, das auch anders behandelt werden könnte – er rekonstruiert das zugrunde liegende Problem und vergleicht es mit Alternativen. Aufgabe der Soziologie ist es, die Unwahrscheinlichkeit unter dem zu entdecken, was normal erscheint, und dabei zu zeigen, dass die Lösung auch anders hätte sein können und gar nicht selbstverständlich ist – obwohl sie natürlich, einmal realisiert, völlig normal geworden ist. Diese Lösung ist die Form, die das Soziale angenommen hat, die alle weiteren Entwicklungen konditioniert und normalerweise als selbstverständlich betrachtet wird. Die Unwahrscheinlichkeit wird nicht mehr gesehen, so wie die Kontingenz nicht mehr gesehen wird, wenn die Kommunikation in Gang ist: Jeder Schritt bindet die nächsten Schritte und wird als selbstverständlich genommen (es kann nicht mehr anders sein). So werden Unwahrscheinlichkeiten angenommen. Heute ist es völlig normal, dass die Kommunikation weitergeht – dass es Sprache, Schrift, Geld und formale Organisationen gibt. Die Soziologie zeigt, wie es anders sein könnte (und wie es einmal war). Unsere Gesellschaft ist eine kontingente Lösung, die erst a posteriori normal erscheint, nachdem ein zufälliges Ereignis eine Dynamik in Gang gesetzt hat, welche die meisten Möglichkeiten ausschließt.

Literatur

Luhmann, Niklas: Politische Planung: Aufsätze zur Soziologie von Politik und Verwaltung, Opladen 1971a

Luhmann, Niklas: Sinn als Grundbegriff der Soziologie, in: J. Habermas/N. Luhmann, Theorie der Gesellschaft oder Sozialtechnologie, Frankfurt/M. 1971b, S. 25–100.

Luhmann, Niklas: Frauen, Männer und George Spencer Brown, in: Zeitschrift für Soziologie 17 (1988), S. 47–71.

Foerster, Heinz von: On Self-Organizing Systems and Their Environments, in: M. C. Yovits/S. Cameron (Eds.), Self-Organizing Systems, London 1960, S. 31–50.

6

Niels Werber

System und Umwelt (5. Kapitel)

Am Anfang herrschte das „Chaos" (Simmel 1989, 37) – in der Frage nämlich, was Soziologie als Wissenschaft und Gesellschaft als ihr Objekt eigentlich seien. Wer die Klassiker der Soziologie nach „grenzsichernden" (ebd.) Definitionen ihres Gegenstandsbereiches durchschaut, könnte eine lange und recht heterogene Liste anlegen. „Mit dem Wort Gesellschaft verbindet sich keine eindeutige Vorstellung. Selbst das, was man üblicherweise als ‚sozial' bezeichnet, hat keine eindeutig objektive Referenz", konstatiert Niklas Luhmann zu Beginn seiner Studie über die *Gesellschaft der Gesellschaft* (GG 16), ganz wie Simmel 80 Jahre zuvor. Den Grund für diese Uneindeutigkeit, auf deren Boden die Bindestrichsoziologien gedeihen, hat Luhmann als „Theoriekrise" der „Soziologie" verstanden (SS 7). In seinem *Grundriß einer allgemeinen Theorie* unterbreitet er einen Lösungsvorschlag, dessen Grundidee darin liegt, Gesellschaft nicht als Aggregat zu verstehen, das aus Elementen (Gruppen, Klassen, Individuen...) besteht, sondern auf eine *Differenz* zurückzuführen. Differenz fasst Luhmann als „Bedingung der Möglichkeit von Informationsgewinn und Informationsverarbeitung" (SS 13), also als notwenige Voraussetzung für die Konstitution von Kommunikationssystemen in Unterscheidung zu ihrer Umwelt. Soziale Systeme beschränken sich daher nicht darauf, „zu copieren, zu imitieren, widerzuspiegeln, zu repräsentieren", vielmehr nutzen sie Differenzen, um „Eigenkomplexität" auszubilden (SS 13). Der gesamte „Gegenstandsbereich" des Fachs wird daher nicht länger „substantialisierend als Weltausschnitt (faits sociaux) vorausgesetzt, den die

Soziologie von außen betrachtet", sondern konzipiert als jene Welt, die als Konstruktion sozialer Systeme hervorgeht (SS 10). Was Gesellschaft ist und was die Soziologie beschreibt, wird auf die „Systemreferenz sozialer Systeme" bezogen und damit auf „die für soziale Systeme charakteristische Differenz vom System und Umwelt" (SS 10) zurückgeführt. Simmels ‚Chaos' wird geordnet – aber nicht durch längere oder detailliertere Listen der ‚sozialen Tatsachen' oder eine noch umfassendere Berücksichtigung von Methoden oder sozialen Sphären, sondern allein durch eine Unterscheidung. Statt nach dem *Wesen der Gesellschaft* – ein beliebter Titel soziologischer Studien seit Beginn des 20. Jahrhunderts – zu fragen, arbeitet Luhmann ihre konstitutive Differenz heraus. Dies hat den entscheidenden Vorteil, universal und spezifisch zugleich zu sein. Wie immer die Gesellschaft in der Zukunft aussehen mag oder in der Vergangenheit ausgesehen hat, stratifiziert oder segmentär, funktional oder vernetzt, immer gewinnt sie ihre „Identität" als System in Differenz zu ihrer Umwelt (SS 243). Dies ist nicht „ontologisch" gemeint (SS 244). Jedes System handhabt die Differenz zu seiner Umwelt anders und operiert in einer anderen, eben systemrelativen Umwelt. Die Umwelt einer Lobbyorganisation sieht anders aus als die Umwelt einer Familie und die der Weltwirtschaft anders als die eines Stammes. Nicht nur die Systeme unterscheiden sich immens, etwa mit Blick auf die für sie handhabbare Komplexität, sondern auch die Umwelten: „Umwelt ist ein systemrelativer Sachverhalt." (SS 249) Sie ist immer das, was das System nicht selbst prozessieren kann. Vom System aus gesehen, ist die Umwelt „einfach ‚alles andere'" (SS 249). Von einer Kleinfamilie aus gesehen, könnten dies die Nichten, Onkel, Tanten und Vettern zweiten Grades sein, die am Leben der Familie nicht mehr teilnehmen; aus der Perspektive eines Medienunternehmen könnte ‚alles andere' jene Personen meinen, die noch nicht zu Konsumenten geworden sind, oder auch die Konkurrenz auf dem Markt. Jedes System unterscheidet sich von seiner Umwelt und nimmt nur sich aus seiner Umwelt heraus, sonst wäre es nicht es selbst. Daher ist die „Umwelt eines jeden Systems eine verschiedene" (SS 249).

Die Systemsoziologie ist eine „Code-Theorie", die ihren Gegenstand nicht als gegebene Wirklichkeit versteht, deren „Realeigenschaften" zu erfassen wären (Plumpe 1993. Bd. 2, 15); sie erzeugt vielmehr ihren Objektbereich, indem sie eine „Leitdifferenz" einführt, aus der das, was relevant ist, hervorgeht: System/Umwelt; „Entweder/Oder" (SS 244). Was weder System noch Umwelt ist, nimmt die Systemtheorie erst gar nicht wahr. Noch einmal mit Blick auf die Tradition formuliert: Der Begriff der Gesellschaft wird weder auf Menschen oder Regionen, Verträge oder Normen, Gruppen oder Schichten, Familien oder Klassen zurückgeführt, sondern auf die Differenz von System und Umwelt (SS 70). Um soziale Systeme von anderen, etwa organischen oder psychischen, zu unterscheiden, muss freilich die Frage beantwortet werden, „woraus soziale Systeme bestehen". Sie wird in *Kapitel 4* gegeben: „aus Kommunikationen und deren Zurechnung als Handlung" (SS 240).

Die fachliche Einheit der Soziologie läge demnach in der Operation begründet, die nur in der Gesellschaft (als System) und als soziale Operation möglich ist: der Kommunikation, sei dies nun ökonomische oder politische Kommunikation, organisierte oder zufällige, massenmediale oder interaktive. Nur die Gesellschaft reproduziert sich selbst aus einem Netzwerk von selbsterzeugten kommunikativen Operationen (*Autopoiesis*). In der Umwelt der Gesellschaft wird nicht kommuniziert. Was dagegen in der Gesellschaft und für sie einen Unterschied macht, was Resonanz findet oder zu Strukturänderungen führt, was Spezialisierungen oder Generalisierungen anregt, ist immer und ausschließlich Kommunikation. Dies bedeutet nicht, dass es keine Welt gäbe, in der es (weniger) Öl oder (zuviel) Radioaktivität gäbe; aber für die Ökonomie oder die Politik als soziale Systeme werden knappe Ressourcen oder die bedrohlichen Folgen riskanter Technologien nur als Kommunikation relevant. Und diese Kommunikation hat nichts mit den Themen, die sie verbreitet, oder Informationen, die sie mitteilt, gemeinsam. Sie strahlt und brennt nicht. Sie wird im System selbst erzeugt und dort nach Regeln prozessiert, die keine Entsprechung in der Umwelt haben. Dies sieht man leicht daran, dass systeminterne Differenzierungen keine analogen Konsequenzen in ihrer Umwelt zeitigen. Menschen werden von den Grenzen der Sozialsysteme, etwa zwischen Politik und Wirtschaft, oder von Unterscheidungen innerhalb der Systeme, etwa von Staatsgrenzen oder Währungen, nicht ‚innerlich durchschnitten' (SS 245). Umgekehrt gibt es für die organische Differenzierung durch Zellteilung kein soziales Korrelat. Mit anderen Worten: „Lebende Systeme können sich nur in lebende Systeme, soziale Systeme nur in soziale Systeme differenzieren" (SS 259). Die Ausdifferenzierung eines Gesundheitsministeriums in einem Land der Sahelzone macht noch keinen Menschen gesund. Eine Klimaschutzkonferenz kommuniziert, aber sie drosselt nicht das *global warming*. Luhmann bezeichnet seine Vorschläge zu einer Soziologie sozialer Systeme als „Paradigmawechsel" (SS 15), also als einen revolutionären Umbau der Theoriearchitektur nach einer Krise der Normalforschung (Kuhn 1973). Die damit verbundene „radikale De-Ontologisierung der Perspektive auf Gegenstände schlechthin" hält er nicht für „ganz leicht" zu verstehen (SS 241), obschon es nötig sei, sich die Konsequenzen der Differenz von System und Umwelt „bis in alle Verästelungen systemtheoretischer Analyse hinein" präsent zu machen: „Alles, was vorkommt", setze eine Bestimmung voraus, die wiederum die „Angabe einer Systemreferenz" erfordere (SS 241). Es kommt darauf an, welches System ein Ereignis aufgreift und weiterkommuniziert. Voraussetzung dafür ist, dass es sie gibt.

„Die folgenden Überlegungen gehen davon aus, daß es Systeme gibt", heißt es bereits zu Beginn der Studie (SS 30). Anschließend wird klargestellt: „Es gibt Systeme" nur in Differenz „zu ihrer Umwelt" (SS 31). Das „zentrale Paradigma der neueren Systemtheorie" (SS 242), so wird im *Kapitel 5: System und Umwelt* wiederholt, ist die wechselseitige Voraussetzung von System und Umwelt in einem differentialistischen Ansatz. Obwohl immer wieder betont werden muss, dass Systeme operativ geschlossen, selbstreferentiell und autopoietisch sind, existieren sie nicht ‚an sich' als geschlossene ‚Identität' oder ohne konstitutive Relation mit ihrer Umwelt, die durchaus relevant für die Existenz des Systems ist (ohne Luft keine Menschen, ohne Menschen keine Gesellschaft; und doch haben Luft, Menschen und Gesellschaften auf der operativen Ebene ihrer Reproduktion nichts gemeinsam). Stets muss auf die Differenz von System und Umwelt zurück gegangen werden, wenn sich die Frage stellt, wie bzw. unter welcher Bedingung ein System existiert oder funktioniert. Wenn es etwas gibt, das als System vorliegt und funktioniert, muss es logischerweise von etwas unterschieden werden, das nicht das System ist: Umwelt. System ist das, was nicht Umwelt ist, und Umwelt ist das, was nicht System ist. Beides entsteht in der Differenz, also gleichzeitig in wechselseitiger Konturierung. Aus dieser Logik ergibt sich auch, dass ein bestimmtes soziales System in seiner Umwelt andere soziale Systeme vorfinden kann, etwa Funktionssysteme oder Organisationen, aber auch nichtsoziale Systeme wie Maschinen oder Lebewesen. Nur die Gesellschaft findet in ihrer Umwelt keine Sozialsysteme (bei denen es sich ja immer auch um Kommunikationssysteme handelt) vor, da sie definitionsgemäß alle Kommunikationen inkludiert und alles andere ausschließt (SS 33, 64–68). Die System/Umwelt-Differenz ist der Ausgangspunkt von Luhmanns Systemtheorie und nicht die Identität eines Systems oder der Umwelt (SS 243). Luhmanns Ausführungen in der *Einführung in die Systemtheorie* mit Bezug auf George Spencer-Brown sind sehr hilfreich, um diesen Aspekt zu verstehen (ES 66–77).

Aus der Differenz von System und Umwelt ergibt sich eine der wichtigsten Annahmen der Systemtheorie: dass nämlich „die Umwelt immer sehr viel komplexer ist als das System selbst“ (SS 249). Es kann nicht „auf alles, was vorkommt, [...] reagieren“ (SS 251). Ein Polizist kann den Verkehr regeln, aber nicht die Farbe, Ausstattung, Beladung, den Zustand und das Alter eines jeden Wagens kontrollieren. Eine exakte Punkt-zu-Punkt-Entsprechung des Systems zu seiner Umwelt wäre undenkbar, die Karte im Maßstab 1:1 würde zum Territorium. Um Bestimmtes zu beobachten, muss das Allermeiste ignoriert werden. Jedes System kombiniert so „Sensibilität für Bestimmtes“ und „Insensibilität für alles übrige“ (SS 250). Die Sensibilität kann erhöht werden – durch interne Differenzierung, also durch Spezialisierung. Dass Spezialisierungen einerseits die Handhabung höherer Komplexität ermöglichen, andererseits aber das allermeiste in einem blinden Fleck verschwinden lassen, ist eine Binsenweisheit der Systemtheorie. Da jede Operation (i. e.: Kommunikation) des Systems die Differenz von System und Umwelt mitführt, kann dies gar nicht anders sein. Auch das avancierteste Fachwissen, die detaillierteste Studie, die erprobteste Expertise ignoriert ‚alles übrige‘. Komplexität erfordert Selektion, und Selektion ist zwingend kontingent (SS 252). Die sich hieraus ergebenden Unsicherheiten für das Operieren sozialer Systeme wird eigens – und natürlich systemintern – ‚gemanaged‘ (SS 252), beispielsweise durch „Ritualisierungen“ oder die Ausbildung von Verfahrensregeln (SS 253) oder auch Normen (SS 436ff.).

Komplexität erzeugt das System durch Rekursion, also Anwendung der Differenz von System und Umwelt auf sich selbst. Dafür benötigt es Zeit. Die Ausdifferenzierung eines Systems bringt auch eine systemeigene Zeit hervor (SS 255). Zwar muss diese in die Zeit ihrer Umwelt passen, aber in einem geschlossenen System liegt keine Punkt-für-Punkt-Zuordnung der Zeit zur Umweltzeit vor. Das System verwaltet eigene Zeitkontingente oder Zeitknappheit aufgrund eigener Handlungsprogramme bzw. umgekehrt gesagt besteht Autonomie in Sachfragen nur, wenn das System auch über Zeitökonomie verfügt. So richtet sich ein steuerlicher Jahresabschluss nach dem Kalenderjahr, das auch für Landwirte gilt, nicht jedoch für deren Arbeitsschritte, die in ihrer zeitlichen Organisation von klimatischen Verhältnissen abhängen. Aufgrund je eigener Sachfragen kann zeitliche Beschleunigung im Interesse des Systems liegen; andererseits können Verzögerungen Spielräume für die Reflexion und Entfaltung eigener Strategien eröffnen. Nicht zuletzt ist die systemeigene Zeit „oft ausschlaggebende Beschränkung für die Wahl von Umweltkontakten" (SS 355). So mag ein Landwirt für die jährliche Steuererklärung keine Zeit haben, wenn die Wetterlage bzw. die klimatisch definierte Jahreszeit die Ernte erfordert. Und so behandeln viele Organisationen die mit einer Frist versehenen Vorgänge zuerst und lassen alles andere liegen, mag dies auch ‚wichtiger' sein. Komplexität wird aber nicht nur zeitlich organisiert, sondern auch in der Sozial- oder Sachdimension (S 264ff.). Ein System kann etwa Gruppen oder Personen ausschließen, um die ‚Sensibilität' für bestimmte Klienten zu steigern. Oder es kann sich auf bestimmte Sachfragen spezialisieren und andere ignorieren. Die Selektivität dessen, was überhaupt vor Gericht verhandelt werden kann oder als methodisch kontrollierte, nachvollziehbare oder falsifizierbare These formuliert zu werden vermag, erhöht die im Rechtssystem oder den Wissenschaften handhabbare Komplexität – und schließt alles andere aus: Das *Liebeskonzil* (Oskar Panniza) ist kein Gericht im Sinne rechtsförmiger Kommunikation und die Erleuchtung eines Propheten keine Erkenntnis im Sinne wissenschaftlicher Kommunikation.

Woran ist dieser Unterschied zu erkennen? Oder allgemeiner: Wie wird die Differenz zwischen einem sozialen System und seiner Umwelt markiert? Schließlich bildet sich keine „Haut" (SS 266) aus, die es materiell und objektiv begrenzt. Es sind die systemeigenen Operationen (Kommunikationen), die eine Grenze zur Umwelt errichten, denn auch wenn das System nur in Bezug auf die Umwelt, also auf Basis seiner Differenz zur Umwelt existiert und bestimmt werden kann. Durch das, wodurch sich ein System aus sich selbst heraus auszeichnet, durch das, was es als seinen Gegenstand reklamiert und wie es auf ihn reagiert, wird eine Grenze zur Umwelt gezogen. Wo es keine Zahlungen mehr gibt, gibt es auch keine Wirtschaft; und wo Recht und Unrecht nicht mehr unterschieden werden können, keine Justiz. Jenseits dieser Grenzen gibt es auch noch etwas, es ist ja nicht alles ökonomisch oder justiziabel, im Gegenteil, das meiste nicht. Sehr einfach ausgedrückt, ergeben sich die Grenzen des Systems schon aufgrund akzeptabler Themen. Luhmann bezeichnet dies als Sachdimension des Systems (SS 268). Darüber hinaus verfügt das System, wie bereits gesagt, über eine eigene Zeitdimension (SS 268), und schließlich regelt die Sozialdimension über Rollen und Mitgliedschaften, welche Handlungen im System in Betracht kommen können und welche der Umwelt zugerechnet werden (SS 269). Diese „Sinngrenzen stehen im System selbst zur Disposition" (SS 269) und werden vom ihm reguliert. Nur mit (der Reflexion) dieser Grenze und der Zuordnung von Elementen und Handlungen zu dieser Grenze liegt eine Orientierung im System für die internen Operationen vor, die wiederum diese Grenze etablieren, zeitlich, sachlich oder sozial.

Für die Soziologie markiert die Kommunikation die entscheidende Grenze zwischen System und Umwelt. Ein soziales System kommuniziert, seine nichtsoziale Umwelt nicht. Es reproduziert seine Elemente aus einem Netzwerk dieser Elemente, in dem Kommunikation an Kommunikation angeschlossen wird. Außerhalb der Gesellschaft gibt es keine Kommunikation, nur Irritationen, die zur Information werden können, wenn ein System sich darauf einlässt. Auch Menschen kommunizieren nicht. Das menschliche Bewusstsein und der menschliche Körper zählen zur Umwelt sozialer Systeme. Mit dem Bewusstsein oder einem organischen System kann man genauso wenig kommunizieren wie mit einer Maschine. Die psychischen, organischen oder technischen Systeme operieren auf einer anderen Ebene mit anderen Elementen. Wie an der Abgrenzung von sozialen und psychischen Systemen erneut deutlich wird, handelt es sich bei der System/Umwelt-Differenz auch um System/System-Differenzen. Die Umwelt ist voller Systeme. Sie mag aus der Perspektive eines Systems zunächst einmal unbestimmt oder komplex sein bzw. pauschal als Umwelt bestimmt werden. Sie differenziert sich aber ihrerseits in verschiedene Systeme (SS 256), die jeweils aus ihrer Perspektive eine eigene Differenz zu der von ihnen als solche wahrgenommenen Umwelt unterhalten. Ein System rechnet nicht nur mit anderen Systemen in seiner Umwelt, sondern es kann „die Systeme in *seiner* Umwelt aus *deren* Umwelt begreifen. Es löst damit die gegebenen *Einheiten* seiner Umwelt in *Relationen* auf." (SS 256) Im Falle einer Preisabsprache wissen die beteiligten Organisationen, dass sie kartellrechtlich belangt werden könnten – und kalkulieren die Risiken eines Verfahrens mit ein. Die unternehmerische Entscheidung wird aber nicht juristisch gefällt, sondern ökonomisch – wenn die Chancen auf Gewinne die Aussichten auf Strafen zu übertreffen scheinen. Wer das unmoralisch findet, beobachtet die Wirtschaft von einem anderen System aus. Jedes System beobachtet seine Umwelt und die in dieser Umwelt agierenden Systeme, ordnet diesen Bereich aber seinem eigenen Differenzierungsschema, also nach Maßgabe seiner internen und ihm eigenen Funktionen (SS 257). Juristische Risiken werden in mögliche Kosten umgerechnet. Oder hohe Zahlungsfähigkeit wird als unsittlich kritisiert.

Systeme differenzieren nicht nur Grenzen zu ihrer Umwelt aus, sondern können sich auch intern ausdifferenzieren. Dies lässt sich an jedem Ministerium und in jedem Unternehmen beobachten. Es handelt sich um eine Evolution mit Komplexitätsgewinn (SS 261) bei gleichzeitig zunehmender Reduktion von Komplexität (SS 262). Debitoren oder Marketing haben mit Personalern oder Forschung & Entwicklung nicht allzu viel zu tun. Soziale Systeme können nur soziale Systeme intern ausdifferenzieren (SS 259). Eine Organisation schafft in sich Abteilungen und tiefgestaffelte Ebenen. Die moderne Gesellschaft differenziert sich in Funktionssysteme wie Wirtschaft, Politik, Erziehung, Religion, Wissenschaft, Recht etc. (SS 262). Jedes dieser Systeme entspringt eigenen Erfordernissen und bearbeitet eigene Probleme nach Maßgabe des eigenen Codes. Sie sind voneinander abgrenzt und bilden einander die Umwelt. Sie sind aber alle Kommunikationssysteme, die als gemeinsame Umwelt das soziale System moderne Gesellschaft voraussetzen. Das Gesellschaftssystem ermöglicht die Selbstselektion bzw. Selbsterzeugung des Teilsystems, indem es reflexiv den Prozess der Systembildung auf sich selbst anwendet. So kann es rekonstruiert werden über die interne Differenz von Teilsystemen. Das Gesamtsystem ist also mehrfach in sich enthalten. Politik ist nicht Wirtschaft und Wirtschaft nicht Politik, aber beide sind Teilsysteme der Gesellschaft; und die Gesellschaft enthält beide Systeme als Teilsystem und enthält damit sich selbst, weil beide soziale Systeme sind. Jedes Teilsystem ist aufgrund seiner internen Differenzierung und Spezialisierung entlastet, weil es andere Erfordernisse bearbeitet als die Gesamtsystemreproduktion – etwa die Verteilung knapper Güter oder die Erstellung kollektiv bindender Entscheidungen. In stratifizierten Gesellschaften verhält es sich grundsätzlich nicht anders, nur ist es hier eine vertikale Differenzierung in Schichten, die das Gesamtsystem vornimmt (SS 261). Nicht Wirtschaft und Politik oder Recht, sondern Adel, Klerus, Bürger, Bauern oder Leibeigene sind dann primär füreinander Umwelt.

Bislang wurde beschrieben, dass es ein für beide Seiten konstitutives Verhältnis von System und Umwelt gibt, das in verschiedenen Konstellationen und auf verschiedenen Ebenen anhand des logischen Kalküls von Unterscheidung und Bezeichnung nachvollzogen werden kann. Das konkrete Verhältnis von System und Umwelt, das eine speziell geartete Interaktion und auch Co-Evolution der

Systeme ausmacht, ist damit noch nicht geklärt. Das ergibt sich aus dem bislang nur angedeuteten Komplexitätsgefälle, das zwischen System und Umwelt vorliegt (SS 242). Umwelt ist – aus der Perspektive des Systems – stets komplexer als das System. Das System gleicht die größere Komplexität der Umwelt durch „überlegene Ordnung" (SS 250) aus. Diese asymmetrische Beziehung impliziert eine gewichtige Funktion, denn sie geht damit einher, dass die Umwelt großzügiger behandelt werden kann als Interna oder pauschal abweisbar ist. Nur so kann das System sich in einer veränderlichen und unkontrollierten Umwelt halten. „Das System gewinnt seine Freiheit und seine Autonomie der Selbstregulierung durch Indifferenz gegenüber seiner Umwelt." (SS 250) Es muss nicht alles und jeden beachten. Durch interne Differenzierung steigert es jedoch seine Komplexität für die Behandlung spezifischer Probleme.

Wie das beschriebene Komplexitätsgefälle zeigt, entspricht das Verhältnis von System und Umwelt in der Luhmannschen Systemtheorie nicht der Vorstellung von Input-Output-Theorien oder Blackbox-Modellen, denen zufolge ein bestimmter Reiz auf bestimmte Weise verarbeitet wird und zu einer Reaktion führt (SS 275). Die Umwelt ist kein Bündel von Reizen, auf die das System dann kausal reagiert. Es hängt vielmehr von der internen Differenzierung des Systems ab, was überhaupt beobachtet und prozessiert wird. Da soziale Systeme evoluierende Systeme sind, ist hier ohnehin immer mit Veränderungen zu rechnen. Auf steigende Abiturientenzahlen können Universitäten systemintern mit der Einführung von Aufnahmeprüfungen oder mit einer Erhöhung der in Seminaren zulässigen Teilnehmerzahlen reagieren. Gerade in Bezug auf diesen Aspekt lohnt noch einmal ein Blick in die *Einführung in die Systemtheorie*, in der Luhmann verdeutlicht, dass es selbst im Behaviorismus nicht reicht, einen ‚Austausch' des Systems mit der Umwelt zu beobachten, sondern dass schon hier systemeigene Zwischenvariablen wie das Prinzip der Generalisierung gebraucht werden, um den Bezug von Reizen und Reaktionen zu erklären. D. h. dass letztlich wieder interne Funktionen des Systems zur Debatte stehen, die es von konkreten Reizen emanzipieren und Reaktionen nach systemeigener Manier steuern (ES 41–49). Das Input-Output-Schema, wenn es denn zum Einsatz kommt, muss man als systemeigenen Mechanismus zur Reduktion vom Komplexität verstehen (SS 281). Letztlich gelangt man also wieder zu autopoietischen, selbstreferentiellen, geschlossenen Systemen, die die Umwelt ausschließlich gemäß systeminterner

Operationen behandeln, auch wenn die Existenz des Systems nur aufgrund seiner Unterscheidung von der Umwelt behauptet werden kann.

Spätestens bei der Abgrenzung operational geschlossener Systeme von Input-Output-Modellen spielt die Ebene der Beobachtung, zunächst einmal der Selbst-Beobachtung eine entscheidende Rolle. Denn um Input und Output überhaupt zu unterscheiden, muss das System Fremd- und Selbstreferenz unterscheiden können, also wissen, was sich auf es selbst und was sich auf die Umwelt bezieht. Es muss seine eigenen Operationen als eigene Operationen erkennen. Systeme besitzen also die Fähigkeit, sich selbst zu beobachten (SS 245). Andernfalls würde sich das System in seiner Umwelt auflösen wie ein Gericht, das politische Vorgaben nicht als unangemessen abweist, sondern hörig umsetzt und so faktisch in der Exekutive aufgeht. Auch im Falle der Selbstbeobachtung wird die Unterscheidung System/Umwelt – als Differenz von Fremd- und Selbstreferenz – in das System hineinkopiert, d. h. die Differenz zur Umwelt, die beide Seiten konstituiert, ist intern verfügbar und kann reflektiert werden. Diese reflexive Unterscheidung von Selbst- und Fremdreferenz wird zur Formgebung eigener Operationen verwendet. Sie dient der systemeigenen Orientierung bezüglich seiner eigenen Prozesse. Wenn etwa entschieden werden muss, ob ein Schüler oder eine Schülerin anhand mathematischer Fähigkeiten beurteilt wird oder ob vielleicht doch soziale Kompetenzen künftig einen Teil des Leistungsspektrums von Schülern ausmachen soll, beobachtet das System sich selbst. Es klärt so reflexiv die Beziehung zu sich selbst und zur Umwelt, indem es abwägt, inwiefern mathematische Kompetenzen oder Fähigkeiten an Schüler vermittelbar und benotbar sind und inwiefern Kompetenzen oder Fähigkeiten von Systemen in seiner Umwelt von Absolventen erwartet werden. Gute Noten kann es selber geben, muss aber abwarten, ob andere von den Kompetenzen der Absolventen genauso begeistert sind wie einst von den Rechenfertigkeiten und gegebenenfalls intern nachjustieren. Bei Luhmanns Beschreibung handelt es sich freilich um eine Fremdbeobachtung des Erziehungssystems durch die Soziologie, eine Beobachtung, die allerdings den Anspruch erhebt, die internen Beobachtungen und Differenzierungen des Erziehungssystems und seine operative Autonomie zu berücksichtigen. Dass dies nicht immer der Fall ist, sieht man an politischen Beschreibungen, die die Lehranstalten für Trivialmaschinen halten, die bei einem bestimmten Input (Geld, Schüler, Lehrer, Lehrmittel ...) auch einen bestimmten Output (Kompetenzen, Zertifikate ...) produzieren (vgl. ErgzG 157).

Im Chaos, von dem Simmel sprach, schafft bereits eine erste Differenz Ordnung. Philosophisch gesprochen: sie bringt den Kosmos hervor. Tatsächlich eröffnet der Beobachter im Sinne Luhmanns mit jedem System, das die Differenz zur Umwelt voraussetzt, einen Blick auf die ganze Welt. Die Differenz ist Bedingung von Welt: „Erst wenn Sinngrenzen die Differenz von System und Umwelt verfügbar halten, kann es *Welt* geben." (SS 283) In jedem dieser Sinnzusammenhänge ist Welt mitgegeben. Der „Weltbegriff [fungiert] hier als Begriff für die *Sinneinheit der Differenz von System und Umwelt*" (SS 283). Es handelt sich um einen differenzlosen Letztbegriff, indem die Welt relativ auf Systembildung „bestimmbar als Einheit einer Differenz" wird (SS 283). Welt ist also nicht primär gegeben, sondern ergibt sich als Gesamtheit aller Differenzen, die sogleich präsent sind, wenn ein System bestimmt wird, wenn also eine Unterscheidung getroffen wird, die die zwei Seiten System und Umwelt impliziert. Auf die Differenz von System und Umwelt, nicht auf Identität oder Subjekt, ist das gesamte Beobachtungsschema der Systemtheorie zentriert. Die Differenz wird zum Weltzentrum, weil sie mit System und Umwelt alles enthält, was kommuniziert werden kann (SS 284). Diese soziale Welt ist anders als die „phänomenal gegebene Welt" (SS 284) durch und durch kontingent, denn jedes System, also jede Handhabung der System-Umwelt-Differenz „konstituiert" eine andere Welt. „Sie ist eine Welt nach dem Sündenfall." (SS 284) Mit dieser Kontingenz der Welt muss die moderne Weltgesellschaft zurechtkommen.

Literatur

Kuhn, Thomas S.: Die Struktur wissenschaftlicher Revolutionen, Frankfurt/M.: Suhrkamp 1973

Plumpe, Gerhard: Ästhetische Kommunikation der Moderne. Bd. 2. Von Nietzsche bis zur Gegenwart, Opladen: 1993

Simmel, Georg, „Das Gebiet der Soziologie" (1917), in: Schriften zur Soziologie. Eine Auswahl, Frankfurt/M.: 1989, S. 37–50.

7

Anna Schriefl

Interpenetration (6. Kapitel)

Bei der Bestimmung des Verhältnisses zwischen einzelnen Menschen und der sozialen Gemeinschaft können wir zwei entgegengesetzten Intuitionen folgen. Wir können einerseits die Gemeinschaft als vorrangig begreifen. Positionen dieser Art heißen kollektivistisch. Ein Argument zugunsten einer kollektivistischen Position besagt, dass typische Wesensmerkmale des Menschen wie Sprache, Vernunft und Moralität sich nur in einer Gemeinschaft entwickeln und somit der einzelne Mensch in seiner spezifischen Daseinsform von der Gemeinschaft abhängig ist. Andererseits können wir den einzelnen Menschen als vorrangig betrachten und die Gemeinschaft als Zusammenschluss von Individuen verstehen, die unabhängig von dieser Gemeinschaft existieren. Positionen dieser Art heißen individualistisch. Ein Argument für individualistische Ansätze lautet, dass Gemeinschaften aufgrund des Zusammenschlusses von einzelnen Menschen entstehen und somit in ihrer Existenz, aber auch in ihrer spezifischen Prägung, von Individuen und deren Entscheidungen abhängen.

Luhmann lehnt beide Positionen ab. Laut seiner systemtheoretischen Beschreibung des Verhältnisses von Individuum und Gemeinschaft genießt weder der einzelne Mensch noch das Soziale normativ oder faktisch Vorrang, sondern beide entwickeln sich in enger, wechselseitiger Bezogenheit aufeinander, allerdings bei Wahrung ihrer Autonomie und Identität. Dieses Verhältnis nennt Luhmann Interpenetration.

Den Begriff der Interpenetration übernimmt Luhmann von Talcott Parsons, deutet ihn jedoch grundlegend um.[1] Parsons führt den Begriff zwar ebenfalls ein, um das Verhältnis zwischen Individuum und Gemeinschaft zu erklären. Doch während bei Parsons das Individuum letztlich *Teil* der Gesellschaft ist und somit Interpenetration die Einordnung von Elementen in ein Gesamtsystem bezeichnet,[2] will Luhmann darunter ein Verhältnis zwischen zwei verschiedenen Systemen verstanden wissen. Dies ergibt sich daraus, dass er den Menschen in seiner physischen und psychischen Dimension außerhalb des sozialen Systems verortet. Daher kann das Verhältnis zwischen Sozialem und Individuum auch symmetrisch beschrieben werden:[3] Der Mensch ist weder bloßes Element des Sozialen noch dessen zentraler Lenker; stattdessen bedingen sich beide wechselseitig.

Ich werde im Folgenden zunächst darlegen, warum das Verhältnis zwischen Individuum und Sozialen zu einem systemtheoretischen Problem wird (7.1). Danach werde ich einen Überblick dazu geben, wie Luhmann das Problem mit dem Begriff der Interpenetration zu lösen versucht (7.2). Anschließend werde ich die einzelnen Abschnitte von Kap. 6 zusammenfassen und erläuternd kommentieren (7.3–8).

7.1 Das Problem: Die Eigenständigkeit des Sozialen gegenüber Mensch und Bewusstsein

Zunächst ist es wichtig, sich nochmals zu verdeutlichen, warum das Soziale nach Luhmann ein eigenständiges System bildet, das nicht von einzelnen Individuen hervorgebracht wird und sich daher auch nicht auf deren Handlungen oder Intentionen zurückführen lässt. Laut Luhmann kann das Soziale als System beschrieben werden, weil es (1) operational geschlossen ist und (2) autonom operiert. Ferner (3) konstituiert und erhält es sich selbst, es gehört also zur Klasse der autopoietischen Systeme.

1 Vgl. dazu Künzler.

2 Vgl. SA 3, 175f.

3 Dies wird von Luhmann auch weitgehend so formuliert, vgl. WissG 38. Eine Ausnahme bildet der Aufsatz „Wie ist das Bewusstsein an Kommunikation beteiligt?“ Dort wird das Verhältnis zwischen Bewusstsein und Kommunikation als asymmetrisch beschrieben: Kommunikation sei von Bewusstsein stärker abhängig als Bewusstsein von Kommunikation, vgl. SA 6, 40.

Zu (1): Grundlegend für ein System ist nach Luhmanns Theorie-Paradigma die operationale Geschlossenheit: Ein System unterscheidet sich von seiner Umwelt, indem es einen eigenen Typ von Operation aufweist. Die spezifische Operation des Sozialen, durch die es sich von seiner Umwelt abhebt, ist Kommunikation.

Zu (2): Die systemspezifische Operation vollzieht sich autonom, sie wird also nicht etwa von außen gesteuert. Könnte die Kommunikation reduziert werden auf etwas Vor- oder Nicht-Soziales (z. B. auf biologische oder psychische Prozesse einzelner Individuen) oder könnte sie von solchen Nicht-Sozialen Faktoren gesteuert werden, dann wäre das Soziale kein eigenständiges System.

Zu (3): Durch die Kommunikation wird ferner das soziale System überhaupt erst konstituiert. Da aus Kommunikation laufend neue Kommunikation erzeugt wird, kann das Soziale als autopoietisches System charakterisiert werden.

Hier liegt natürlich das entscheidende Problem für die Frage nach dem Verhältnis zwischen einzelnem Menschen und sozialem System. Wenn das Soziale ein operational geschlossenes, autonomes und sogar autopoietisches System ist, wo greift dann der Mensch in das Geschehen ein? Wie können wir unsere Intuition, dass Menschen kommunizieren und die Gemeinschaft prägen, mit Luhmanns Beschreibung des Sozialen als System in Verbindung bringen? Die Antwort lautet zunächst: Wir können es gar nicht, sondern wir müssen unsere Intuitionen revidieren. Das soziale System wird nicht von Menschen konstituiert, sondern von Kommunikation.[4] Eine Analyse des Sozialen wird daher letztlich nicht auf Menschen stoßen, sondern immer nur auf soziale Elemente, etwa einzelne Kommunikationsakte.[5] Selbst diese Elemente werden nicht direkt von Menschen hervorgebracht, sondern sie erzeugen sich selbst:

> Menschen können nicht kommunizieren, nicht einmal ihre Gehirne können kommunizieren, nicht einmal das Bewusstsein kann kommuni-

4 Ein besonders anschauliches Zitat lautet: „Die Gesellschaft besteht nicht aus Menschen, sie besteht aus Kommunikation zwischen Menschen." (N. Luhmann: Politische Theorie im Wohlfahrtsstaat. München/Wien 1981, 20)

5 „Eine Dekomposition sozialer Systeme in Teilsysteme, Teilteilsysteme oder letztlich in Funktionselemente und Relationen führt nie auf Personen, sie dekomponiert sozusagen an den Personen vorbei. Sie endet je nach analytischem oder praktischem Bedarf bei Firmen oder bei Organisationsabteilungen oder bei Rollen oder kommunikativen Akten, nie jedoch bei konkreten Menschen oder Teilen von Menschen (Zähnen, Zungen usw.)." (SA 3, 179)

> zieren. Nur die Kommunikation kann kommunizieren. (SA 6, 38, vgl. auch GG 105)

Damit ist jedoch nicht die These verbunden, Kommunikation wäre auf Menschen nicht angewiesen oder entstünde aus dem Nichts. Systeme sind zwar autonom, aber nicht autark – und so ist auch das soziale System auf systemfremde Faktoren angewiesen. Auch das soziale System braucht eine Umwelt. Der wichtigste Faktor in dieser Umwelt ist der Mensch, oder genauer: das menschliche Bewusstsein.

> Dies kann wiederum nicht ernsthaft bestritten werden, da Kommunikation ohne Bewusstsein zum Erliegen käme, so wie das Leben ohne molekulare Organisation der Materie. (SA 6, 38)

Dass der Mensch bzw. sein Bewusstsein trotz seiner großen Bedeutung für das Soziale in dessen Umwelt verortet wird, spricht Luhmann schon vor Kap. 6 mehrmals an. Die Erörterung der doppelten Kontingenz in Kap. 3 zeigte, dass zwei psychische Systeme nie direkten Zugang zueinander erhalten; vielmehr bildet sich bei ihrem Aufeinandertreffen das Soziale als eine emergente Ordnung. Die beiden psychischen Systeme bleiben füreinander undurchdringbar. Sie werden nicht Teil des sozialen Interaktionssystems. „Darin, dass es zu keinem direkten Anschluss eines psychischen Systems an ein anderes kommen kann, sondern dass dies über den Umweg der Kommunikation geschehen muss, erhält die Kommunikation ihre Bedeutung als eigenständiges geschlossenes System, das immer da und zugänglich sein muss."[6]

In Kap. 4 erklärt Luhmann ferner, dass nicht Handlung, sondern Kommunikation die elementare Operation von sozialen Systemen ist. Eine Handlung, so Luhmann, ist eine Einzelselektion eines Subjektes. Dagegen besteht Kommunikation „in der Kopplung verschiedener Selektionen" (SS 192), nämlich von Information, Mitteilung, Verstehen. Diese Kopplung kann nicht individuellen Beteiligten zugerechnet werden. Auch damit ist die These verbunden, dass das Soziale nicht von einzelnen Akteuren geschaffen und gesteuert wird.[7]

6 Horster 2012, 125.

7 Kneer/Nassehi haben eine hilfreiche Formulierung: „Kommunikationen und nicht Handlungen sind die kleinsten Einheiten des Sozialen, weil an Kommunikationen mindestens zwei Menschen und

7.2 Die Lösung: Interpenetration als ein besonderes System-Umwelt-Verhältnis

In Kap. 6 wird nun erstmals explizit die Frage gestellt, wie das Verhältnis zwischen sozialem System und dem Menschen genau zu fassen ist. Dies soll mit dem Begriff der Interpenetration geklärt werden. Ich möchte vier zentrale Aspekte des Begriffs hervorheben:

1. *Intersystembeziehung*: Interpenetration ist bei Luhmann im Wesentlichen ein Verhältnis zwischen Systemen (SS 290). Daher interpenetrieren genau genommen psychisches und soziales System.[8] Die Systeme liegen in der Umwelt des jeweils anderen Systems. Es handelt sich also nicht um das Verhältnis Teil-Ganzes oder Subsystem-Gesamtsystem.
2. *Symmetrie*: Interpenetration ist ein symmetrisches, nicht-hierarchisches Verhältnis. Wie das soziale System das Bewusstsein voraussetzt, so ist das Bewusstsein bei seiner Ausdifferenzierung auf das soziale System angewiesen.[9]
3. *Abhängigkeit und Unabhängigkeit*: Interpenetration soll das Paradoxon von Abhängigkeit und Unabhängigkeit zwischen Systemen lösen. Die Systeme sind einerseits voneinander abhängig, weil das soziale System für seine Operationen das psychische voraussetzt und umgekehrt. Dennoch bleiben die Systeme autonom und autopoietisch, sie verarbeiten also Impulse aus dem fremden System nach systemeigenen Verfahren (vgl. ES 272).
4. *Einflussnahme*: Interpenetrierende Systeme beeinflussen sich wechselseitig. Dies geschieht nicht, indem sie linear-kausale Effekte im fremden System erzielen (das wäre systemtheoretisch nicht möglich), sondern indem ein System sich an die Bedürfnisse des anderen Systems anpasst. Das psychische System wird durch die soziale Interpenetration für Kommunikation sensibel; umgekehrt muss Kommunikation immer vereinbar sein mit den psychischen Erwartungen (vgl. SA 6, 42f.).

damit mindestens zwei psychische Systeme beteiligt sind. Von Handlungen spricht man in der Regel hingegen in Bezug auf Einzelpersonen." (Kneer/Nassehi 90)

8 Daneben lässt Luhmann in SS auch zwischenmenschliche Interpenetration sowie Interpenetration von Körper und Sozialem zu, vgl. dazu unten Abschnitt 7.8.

9 Vgl. aber Fußnote 3 oben.

Der Begriff soll insgesamt sowohl eine zu starke wie eine zu schwache Verbindung ausschließen, nämlich einerseits die Überlappung oder Verschmelzung der Systeme und andererseits einen nur punktuellen Austausch von Leistungen (vgl. SS 290).

7.3 Kollektivtheorien, Vertragstheorien und Systemische Theorien: Abschnitt I

Luhmann beginnt seine Darstellung der Interpenetrationstheorie mit einer historischen Perspektive. Ziel von Abschnitt I ist es, den systemtheoretischen Ansatz von zwei paradigmatischen Erklärungsmodellen zum Verhältnis von Individuum und Gemeinschaft abzugrenzen, nämlich von den Kollektivtheorien der Antike und den Vertragstheorien der Neuzeit. Beide bezeichnet Luhmann als humanistisch, weil sie ein bestimmtes Menschenbild voraussetzen, worauf der systemtheoretische Ansatz verzichtet.

Naturrechtstheorien: In der Antike und im Mittelalter, so Luhmann, ist das letzte Element der sozialen Ordnung der Mensch in seiner psychophysischen Einheit.[10] Der Mensch wird damit nicht nur als abhängig von der sozialen Ordnung vorgestellt, sondern auch über sie definiert: Bei der Bestimmung der menschlichen *Natur* wird stets auf seine Zugehörigkeit zur Gemeinschaft verwiesen (*zôon politikon*, animal sociale). Die menschliche Natur erhält dadurch zugleich eine normative Funktion: Wer den Anforderungen des Sozialen entspricht, verwirklicht die menschliche Natur; eine korrupte Natur zeigt sich hingegen in sozialem Versagen.[11]

Vertragstheorien: Eine erste Revision dieser Sichtweise findet sich nach Luhmann in kontraktualistischen Theorien, welche der Erfahrung Rechnung tragen, dass Menschen ihrer Gemeinschaft nur locker angehören. Sie definieren folglich den Menschen nicht mehr als Gemeinschaftswesen, sondern sehen ihn als einen freien, ungebundenen Einzelnen, der sich erst per Vertrag mit anderen Einzel-

10 Vgl. zur traditionellen Gesellschaftstheorie, die den Menschen als Teil des Ganzen versteht, auch SS 20f. Luhmann denkt hier wahrscheinlich an Aristoteles, vgl. Politik I 2, 1253a3–23.

11 Die Tatsache, dass die sozialen Anforderungen an den Menschen auch enttäuscht werden können, sind für Luhmann die Ursache dafür, dass innerhalb der Gemeinschaft herrschende Klassen bestimmt werden, die zur Durchsetzung der sozialen Normen verantwortlich sind, vgl. SS 21.

wesen zu einer Gemeinschaft zusammenschließt. Die Gemeinschaft wird somit erstmals als etwas bestimmt, das dem Einzelnen nachgeordnet ist. Dadurch ändern sich auch die anthropologischen Grundannahmen. Die soziale Dimension wird nicht mehr als Bestandteil des menschlichen Wesens gesehen. In der Folge trennen sich nicht nur anthropologische und soziale Theorien voneinander, sondern auch biologische Beschreibungen von den sozialen Wissenschaften: Leben wird als biologischer Vollzug entdeckt, der nicht den normativen Anforderungen der Gemeinschaft untersteht.[12]

Mit der systemtheoretischen Perspektive wird der Humanismus endgültig aufgegeben: Der Mensch ist nun nicht mehr zentrales Element oder Maßstab des Sozialen, sondern in dessen Umwelt. Luhmann will sogleich ein Missverständnis ausräumen:

> Dies heißt nicht, dass der Mensch als weniger wichtig eingeschätzt würde im Vergleich zur Tradition. Wer das vermutet [...], hat den Paradigmawechsel in der Systemtheorie nicht begriffen. (SS 288f.)

Luhmann meint damit zunächst, dass das System immer über die Differenz zur Umwelt definiert wird und ohne diese Differenz nicht besteht. Wichtig ist weiterhin, dass Faktoren der Umwelt für das System bedeutsamer sein können als einige der eigenen Elemente. So kann das soziale System nicht ohne das Bewusstsein der Menschen bestehen, wohl aber ohne einige spezifische soziale Phänomene und Institutionen, die im Laufe der Zeit entstehen und vergehen.

Die Verortung des Menschen in der Umwelt des Sozialen hat nach Luhmann gegenüber humanistischen Ansätzen insbesondere den Vorteil, dass der Mensch damit in größerer Unabhängigkeit von der Gesellschaft begriffen werden kann und somit deutlich wird, dass die Anforderungen der Gesellschaft von außen an ihn herangetragen werden, also nicht zu seinem Wesensvollzug gehören:

12 Der Mensch gilt in den Kollektivtheorien der Antike und des Mittelalters als „Individuum", weil seine psychophysische Einheit das letzte, unzerlegbare Element des Ganzen ist. Eine erste Differenzierung findet sich bereits in den Vertragstheorien, die eine Unterscheidung zwischen biologischen und geistigen Komponenten erlauben. Die Systemtheorie versteht den einzelnen Menschen gar nicht mehr als ontologisch vorgegebenes Individuum, sondern als ein Konstrukt des Kommunikationssystems.

> „Die Plazierung [sic!] des Menschen in der Umwelt hat nicht das ablehnende oder abwertende Moment, das oft unterstellt wird, sondern die Umweltposition ist vielleicht sogar die angenehmere, wenn man sich unsere normale kritische Einstellung gegenüber der Gesellschaft vor Augen hält. Ich selbst würde mich jedenfalls in der Umwelt der Gesellschaft wohler fühlen als in der Gesellschaft, wo dann andere Leute meine Gedanken denken und andere biologische oder chemische Reaktionen meinen Körper bewegen, mit dem ich ganz andere Dinge vorhatte." (ES 256f.)

Luhmann meint also, dass gerade die Systemtheorie die Eigenständigkeit des Individuums gegenüber dem Kollektiv ernst nimmt.[13] Dennoch sieht sich Luhmann wegen dieses Schrittes mit dem Vorwurf des Anti-Humanismus konfrontiert.[14] Bereits ein Jahr nach Erscheinen von SS veröffentlicht Habermas seine Kritik: Der „methodische Antihumanismus" Luhmanns richte sich gegen ein „Humanitätsanliegen", nämlich gegen das Bedürfnis, die eigene Gesellschaft nach normativen Standards zu bewerten. In der Systemtheorie sei keine „Öffentlichkeit" vorgesehen, die Krisen erkennt und politisch Einfluss nimmt. Aufgrund der Trennung von psychischem und sozialem System sei weder eine Beschreibung der dafür nötigen Intersubjektivität noch die Erklärung von sozialen Handlungen möglich (Habermas: Der philosophische Diskurs der Moderne, 436).

Luhmann reagiert mit dem Hinweis, dass der Verzicht auf eine humanistische Konstruktion nichts weiter bedeute als die Abstraktion von anthropologischen Vorannahmen, die in seinen Augen gefährliche Tendenzen in Gesellschaftstheorien auslösen können:

13 Vgl. dazu auch die Äußerung, die Detlef Horster Luhmann in einem virtuellen Interview in den Mund legt: „Ich setze dagegen, dass nur die Systemtheorie das wirklich ernst nimmt, was unter dem Begriff ‚Subjekt' oder ‚Individuum' traditionell gefordert wurde, nämlich ein mit sich identisches, autonomes und authentisches Individuum, das nicht Bestandteil oder Partikel der Gesellschaft ist." (Horster 2010, 27)

14 Luhmann provoziert diesen Vorwurf in SS, indem er sich wiederholt von humanistischen Theorien abgrenzt und diese sogar als Gegner der Systemtheorie bezeichnet. In seiner Besprechung von SS verweist Habermas daher etwa auf folgende Passage: „Wer an dieser Prämisse [dass die Gesellschaft aus Menschen bestehe, A. S.] festhält und mit ihr ein Humanitätsanliegen zu vertreten sucht, muss deshalb als Gegner des Universalitätsanspruchs der Systemtheorie auftreten." (SS 92)

„[M]it Orientierungen an ‚Menschenbildern' hat man so schlechte Erfahrungen gemacht, dass davor eher zu warnen wäre. Zu oft haben Vorstellungen über den Menschen dazu gedient, Rollenasymmetrien über externe Referenzen zu verhärten und der sozialen Disposition zu entziehen. Man kann hier an Rassenideologien denken, an die Unterscheidung der Erwählten und der Verdammten, an den sozialistisch vorgeschriebenen Doktrinär oder an das, was die Melting-pot-Ideologie und der American way of life dem Nordamerikaner nahelegte. Nichts dieser Art ermutigt zur Wiederholung oder auch nur zu abgewandelten Neuversuchen, und alle Erfahrungen sprechen für Theorien, die uns vor Humanismen bewahren." (SA 6, 159)

7.4 Systemtheoretische Voraussetzungen: Abschnitt II, III und VI

In II, III und VI klärt Luhmann die zentralen systemtheoretischen Voraussetzungen. Der Begriff Interpenetration soll für das Verhältnis zwischen zwei Systemen stehen, die für den eigenen Aufbau auf ein System in ihrer Umwelt zurückgreifen. Der Mensch ist an sich kein System, allerdings lässt sich sowohl sein Bewusstsein systemisch beschreiben (psychisches System) als auch sein Körper (biologisches System). Das soziale System konstituiert sich vor allem durch Rückgriff auf das psychische System. In SS beschreibt Luhmann auch ein Interpenetrationsverhältnis zwischen sozialem und biologischem System; diesen Punkt lässt Luhmann allerdings später fallen. In ES behauptet er etwa, das Soziale sei ausschließlich an das Bewusstsein gekoppelt (ES 123, 270).

Mithilfe der Interpenetrationstheorie kann somit beschrieben werden, dass soziale Ereignisse auch psychische (und somit systemfremde) Quellen haben (SS 291). Dabei verliert das soziale System jedoch nicht seine Autonomie, denn es operiert weiter im Modus der Kommunikation, während psychische Vorgänge für das soziale System undurchdringlich sind („unfassbare Komplexität", „Unordnung", SS 291). Die Impulse aus dem psychischen System werden also nach systemeigenen, d. h. sozialen Regeln weiterverarbeitet: „Kommunikation läuft nur mithilfe von Bewusstsein, aber nicht *als* Bewusstsein." (ES 274)[15]

Luhmanns Theorie der Interpenetration ist jedoch nur bis zu diesem Punkt vollständig ausgearbeitet.[16] Durch welche präzisen Mechanismen das Soziale und das Bewusstsein verbunden werden, wird von Luhmann nicht eindeutig beantwortet. In GS (1981) schlägt er vor, dass die beiden Systeme über gemeinsame Elemente verbunden sind, nämlich über Handlungen: Ein soziales System bestehe aus einer Menge von Handlungen, zugleich seien Handlungen einzelnen Personen zuzurechnen (GS 278). In SS (1984) revidiert Luhmann die Ansicht, dass soziale Systeme aus Handlungen bestehen; das basale Element sei Kommunikation. Daher wendet er sich nun auch gegen die Sichtweise, dass soziale und psychische Systeme sich bestimmte Elemente teilen (SS 292). Stattdessen entstehe die Verbindung durch den wechselseitigen Beitrag zur Herstellung der jeweils systemfremden Elemente. Dies geschehe mittels *binärer Schematismen*: Eine Kommunikation stellt das Bewusstsein vor die Wahl Annahme/Ablehnung. Die Selektion des Bewusstseins wird dann wiederum im Kommunikationssystem aufgenommen und als Anschlusskommunikation prozessiert. In ES (1991/1992) und dem Aufsatz „Wie ist das Bewußtsein an Kommunikation beteiligt?" (1988, in: SA 6, 38–54) rückt wiederum eine andere Vorstellung in den Vordergrund: Die Verbindung der Systeme, so Luhmann hier, werde durch Sprache hergestellt, die sowohl den Aufbau von Kommunikation katalysiert als auch das Bewusstsein zu fesseln vermag:

> Was ist der Mechanismus der strukturellen Kopplung zwischen psychischen und sozialen Systemen, zwischen Bewusstsein und Kommunikation? Ich versuche zu antworten: die Sprache. Sprache ist die Antwort auf ein präzise gestelltes Theorieproblem. Sprache hat offensichtlich

15 Durch diese bleibende Differenz von psychischem und sozialem System erklärt sich auch, warum die doppelte Kontingenz ein stabiles Problem ist: Wenn zwei psychische Systeme aufeinandertreffen, werden sie füreinander nicht durchschaubar. Vielmehr bleiben beide in der Umwelt der sozialen Interaktion, und ihr Verhalten ist vom Standpunkt des Sozialen aus kontingent. Nur deswegen bleibt doppelte Kontingenz erhalten. Zum Zusammenhang zwischen Interpenetration und doppelter Kontingenz vgl. SS 293f.

16 Aus diesem Grund gilt die Theorie der Interpenetration als nicht vollständig ausgearbeitet, vgl. etwa Lohse 2011, 20. Luhmann selbst räumt Schwierigkeiten bei der Ausarbeitung des Begriffs ein, vgl. N. Luhmann: Autopoiesis als soziologischer Begriff, 315.

> eine Doppelseitigkeit. Sie ist sowohl psychisch als auch kommunikativ verwendbar und verhindert nicht, dass die beiden Operationsweisen – nämlich Disposition über Aufmerksamkeit und Kommunikation – separat laufen und separat bleiben. (ES 275)

Ohne Sprache gibt es weder ein hinreichend entwickeltes Bewusstsein noch komplexe Kommunikation.[17] Luhmann will damit nicht sagen, dass es Kommunikation und Bewusstsein *nur* in Form von Sprache gibt. Doch Sprache hat eine wichtige Funktion bei der Ausdifferenzierung von Kommunikation (indem sie Kommunikation vereindeutigt); zugleich bindet sie die Aufmerksamkeit des Bewusstseins (ES 276f., SA 6, 40–43).[18]

7.5 Bindung, Liebe, Intimität: Abschnitte IV und V

Luhmanns Begriff der Interpenetration bildet die Basis für seine Theorie von Bindungen. Bindungen entstehen zwischen psychischen und sozialen Systemen zum Beispiel dann, wenn Menschen sich gegenüber sozialen Organisationen, Bewegungen oder Gruppen verpflichten. Eine Bindung wird dabei von Luhmann als Selektion definiert, die vormals offene Möglichkeiten festlegt; diese Selektion ist kontingent, wird aber im Laufe der Zeit als stabil und nicht-beliebig erlebt und dann auch begründet oder gerechtfertigt, zum Beispiel über emotionale Motive oder Zweckmäßigkeit.[19]

Bindungen können auch zwischen einzelnen Menschen entstehen, etwa in Form von Freundschaft und Liebe. Diese Bindungen beschreibt Luhmann ebenfalls mit dem Begriff der Interpenetration. Zwischenmenschliche Interpenetration liegt nach Luhmann vor, wenn Menschen durch Bezugnahme auf Körper und Psyche eines anderen sich selbst verändern und neu konstituieren. Er möchte damit nicht behaupten, dass bei Liebe und Freundschaft ein direkter Austausch zweier Bewusstseinssysteme (oder zwei Körper) stattfindet.

17 Vgl. ES 122f. Warum Sprache kein eigenständiges System konstituiert (nämlich: weil sie keine Operation ist), erklärt Luhmann in ES 279f.

18 Vgl. zu Schwierigkeiten dieser Konzeption Künzler 166.

19 „Man mag dann, wie zum Beispiel beim Liebesmythos, gerade aus der Freiheit der Wahl die Stärke der Bindung herleiten." (SS 303)

Noch immer gilt: Der Mensch bleibt Umwelt der Kommunikation. Dennoch unterscheiden sich Intimbeziehungen von anderen sozialen Systemen: Erstens stellen sie die Individualität des Gegenübers ins Zentrum der Kommunikation; deswegen etablieren sie sich erst in solchen Gesellschaften, die eine hinreichende Individualisierung erlauben (SS 304, 306). Diese Individualität muss jedoch als offen erfahren werden, d. h. als zugänglich für die durch Interpenetration bedingten Modifizierungen (zu diesem Paradoxon vgl. SS 306f.). Und zweitens ist das Verhältnis zwischenmenschlicher Interpenetration teilweise nichtkommunikativ. Dies liegt nicht nur daran, dass man in Liebesbeziehungen an die Grenzen der Sprache stößt und in rein körperliche Kommunikation übergeht. Vielmehr versagt Kommunikation bei zu großer Nähe ganz: Aufgrund der hohen Erwartungen an den anderen wird sie zu empfindlich und störanfällig (SS 310).

Wichtig für Luhmanns Liebestheorie ist, dass sie ohne ein festes Menschenbild auskommt, das auf altruistische oder egoistische Wesensmerkmale verweist. Auch lehnt Luhmann Theorien ab, die in der Liebe eine bestimmte Funktion sehen, etwa das Stillen von Bedürfnissen. Systemtheoretisch stelle sich die Frage nach dem Zweck von Liebe nicht. Ihre Bedeutung „liegt in der Interpenetration selbst, nicht in den Leistungen, sondern in der Komplexität des anderen, die man in der Intimität als Moment des eigenen Lebens gewinnt." (SS 305)

7.6 Moral: Abschnitt VII

Mithilfe der Unterscheidung zwischen sozialer und interpersonaler Interpenetration bestimmt Luhmann seinen funktionalistischen Moralbegriff näher. Soziologisch gesehen sei Moral derjenige Mechanismus, der soziale und zwischenmenschliche Interpenetration koordiniert. Moral sorgt also dafür, dass die soziale mit der zwischenmenschlichen Interpenetration „fusioniert" (SS 320). Sie stellt zwischenmenschliche Beziehungen unter soziale Bedingungen (z. B. Status und Zugehörigkeit zu Gemeinschaften) und knüpft umgekehrt soziale Teilhabe an zwischenmenschliche Beziehungen. Beispiele hierfür sind wirtschaftliche Beziehungen, die Verwandtschaftsbeziehungen oder Freundschaft voraussetzen, oder eine Eheschließung, die von der sozialen Position abhängt. Die Kopplung wird über den binären Schematismus Achtung/

Missachtung hergestellt, der nicht etwa einzelne Handlungen oder Talente würdigt bzw. kritisiert, sondern eine Wertung der gesamten Person zum Ausdruck bringt.

Als „Moral" eines sozialen Systems wird „die Gesamtheit der Bedingungen" bezeichnet, die zur Achtung bzw. Missachtung führen (SS 319). Darunter ist kein gesamtgesellschaftlicher Konsens zu verstehen, sondern die Menge aller kursierenden, möglicherweise divergierenden Kriterien. Eine Krise der Moral stellt sich ein, wenn zwischenmenschliche und soziale Interpenetration voneinander unabhängig werden.[20] Luhmann nennt zwei Beispiele: erstens die Emanzipation der Liebesbeziehungen von strengen sozialen Vorgaben ab etwa 1650; und zweitens die Ausbildung eines Wirtschaftssystems, in dem moralische Kategorien unnötig sind. Der Arbeiter, Kunde oder Dienstleister wird nur mit Blick auf seine Effizienz, Solvenz oder Expertise bewertet. „Achtung wird entbehrlich, Einschätzung von Leistungs- oder Zahlungsfähigkeit genügen." (SS 324)

Dies bedeutet nicht, dass mit der Ausdifferenzierung der Gesellschaft Moral obsolet wird. Sie regelt nur nicht mehr die Beiträge Einzelner zu den funktional ausdifferenzierten Subsystemen der Gesellschaft. Dies führt zu einer Flexibilisierung der gesellschaftlichen Teilhabe. Beziehungen und Interaktionen gründen sich stärker auf einzelne Aspekte, Talente und Interessen des Menschen als auf Achtung oder Missachtung der Gesamtperson.

7.7 Sozialisation und Erziehung: Abschnitt VIII

Mithilfe des Interpenetrationsbegriffs kann Luhmann eine Theorie der Sozialisation vertreten, die keine Zweckorientierung unterstellt. Dies ergibt sich vor allem aus der systemtheoretischen Perspektive: Als Verhältnis zwischen zwei Systemen kann Sozialisation nicht als lineare Kausalität gedeutet werden, in der das Soziale auf das Bewusstsein einwirkt; alle Effekte des Sozialen auf die Psyche müssen vielmehr vereinbar bleiben mit ihrer Autonomie und ihrer autopoietischen Konstitution. Sozialisation ist bei Luhmann daher streng formal gefasst als Summe der Effekte, die die soziale Interpenetration auf das psychische Sys-

20 Gerade aus dieser Moralkrise entsteht nach Luhmann ein vermehrter Bedarf an philosophischer Reflexion über Moral; diese versucht, die schwindende gesamtgesellschaftliche Bedeutung zu kompensieren, indem sie die Universalität der Moral betont (SS 322).

tem (und das Körperverhalten) hat (SS 326). Diese Effekte werden aber gerade nicht vom sozialen System hervorgerufen, sondern durch systemeigene Prozesse: „Sozialisation ist immer Selbstsozialisation" (SS 327).[21]

Als Gegenbegriff zur Sozialisation steht bei Luhmann die Erziehung. Erziehung ist ein intentionaler, zweckorientierter Prozess, der gelingen oder scheitern kann. Erziehung zielt darauf, psychisches Erleben und körperliches Verhalten gezielt zu schulen und zu prägen. Dies geschieht über den Schematismus Zuwendung/Abwendung: Auf sozial-konformes Verhalten wird mit Zuwendung reagiert, auf das gegenteilige Verhalten mit Abwendung.

7.8 Interpenetration von Körper und Sozialem: Abschnitt IX

In SS beschäftigt Luhmann sich auch mit der Interpenetration zwischen Körper und Sozialem, ein Thema, das er in späteren Werken beiseitelässt. Die Frage lautet, wie Kommunikation den Körper in Anspruch nimmt dadurch beeinflusst (SS 332). Zunächst wird der Körper vom sozialen System als Quelle von Gesten genutzt, die psychische Zustände ausdrücken sollen – mit dem Effekt, dass körperliche Ausdrucksmöglichkeiten verfeinert und geschult werden („Seufzen, Kniefälle, Tränen scheinen Liebe beweisen zu können" SS 334). Allerdings, so Luhmann, wird diese Form der sozialen Inanspruchnahme des Körpers seit dem 18. Jahrhundert zurückgedrängt. Dadurch wird allerdings nicht der Körper „zum Schweigen gebracht" (SS 335). Er wird nur nicht mehr zum Ausdruck psychischer Zustände beansprucht, sondern unmittelbar in seiner Körperlichkeit. Prägnante Beispiele hierfür sind Tanz und Sport: Dies sind Formen sozialer Interaktion, in denen der Körper rein als Körper gebraucht und in diesem Prozess selbst geformt wird.

Literatur

Habermas, Jürgen: Der philosophische Diskurs der Moderne: zwölf Vorlesungen. Frankfurt/M. 1985

Horster, Detlef: Jürgen Habermas. Darmstadt 2010

Horster, Detlef: Luhmann und die nächste Gesellschaft. In: Victor Tiberius (Hg.): Zukunftsgenese. Theorien des zukünftigen sozialen Wandels, Wiesbaden 2012, S. 107–127.

21 Vgl. Künzler 168.

Künzler, Jan: Interpenetration bei Parsons und Luhmann. Von der Integration zur Produktion von Unordnung. In: System Familie 3, 1990, 157–171.

Luhmann, Niklas: Autopoiesis als soziologischer Begriff, in: Haferkamp, Hans/Schmid, Michael (Hg.), Sinn, Kommunikation und soziale Differenzierung: Beiträge zu Luhmanns Theorie sozialer Systeme, Frankfurt/M. 1987, 307–324.

– Politische Theorie im Wohlfahrtsstaat. München/Wien 1981

Lohse, Simon: Zur Emergenz des Sozialen bei Niklas Luhmann. In: Zeitschrift für Soziologie 40, 2011, 190–207.

8

Michael Urban

Die Individualität psychischer Systeme (7. Kapitel)

8.1

Betrachtet man den Einstieg in das siebte Kapitel der *Sozialen Systeme* über „Die Individualität psychischer Systeme“ (SS 346ff.), so fällt auf, dass dieses Kapitel mit einer spezifischen Qualifizierung versehen ist. Es wird als unbedeutend präsentiert – eigentlich wäre weder zum Thema des psychischen Systems noch zu dem der Individualität viel zu sagen. Eine solche Einschätzung resultiert insbesondere aus der Kritik an Formen einer, wie Luhmann es fasst, reduktionistischen Beobachtung, die auf der Entscheidung basiert, Verhalten nicht als Prozessmoment des Operierens sozialer Systeme zu beobachten, sondern als das Resultat des Agierens von Individuen und auf dieser Grundlage psychischen Systemen dann auch noch eine Individualität zuzusprechen (SS 347). Es scheint sich um theoretische Perspektivierungen zu handeln, die so offenkundig falsch oder doch zumindest verkürzend sind, dass man schnell darüber hinweggehen könnte. Und doch antizipiert Luhmann hier Einwände, die ihn nötigen, sich zumindest am Rande mit dieser Thematik zu beschäftigen. „Andererseits hinterlassen kritische Bemerkungen dazu oft den Eindruck, als ob man einen wichtigen Sachverhalt leugne oder verkenne. Wir fügen deshalb in die Darstellung der Theorie sozialer Systeme ein für diese Theorie eher marginales Kapitel über Individualität ein.“ (SS 347) Überraschend, dass hier nicht die Stringenz der argumentativen Konstruktion den Text fortschreibt, sondern dass das Kapitel einer fast schon artifiziellen, immerhin expliziten Begründung bedarf. Überraschend auch, dass der Leser nun, in der Mitte des Buches, mit einem marginalen Thema konfrontiert wird.

Eine weitere Nuance, bezogen auf dieses Kapitel über die Individualität psychischer Systeme und ihrer Verortung in den *Sozialen Systemen*, ist überraschend. Der Aufbau des Gesamttextes hätte es erwarten lassen, dass sich im Anschluss an die Grundlegung einer allgemeinen Theorie des Systems, der Vorstellung der basalen Funktionsweise des sozialen Systems und die Diskussion der theoretischen Bedeutung der Figur der Interpenetration nun ein Kapitel findet, das sich zunächst auf einer basalen Ebene dem Systemtyp widmet, der im Modus der Interpenetrationsrelation die zentrale Ermöglichungsbedingung für die Operationsweise sozialer Systeme darstellt, eben dem psychischen System. Nicht, dass dies nicht geleistet würde in diesem siebten Kapitel, aber dies doch eher en passant. Das, was theoriearchitektonisch als zentrale Funktion dieses Kapitels hätte erwartet werden können, die Beschreibung des Operationsmodus des psychischen Systems, wird stattdessen gebunden an die Frage nach der Individualität psychischer Systeme. Dies aber ist eine eigenständige Problematik, ein zweiter Diskussionsstrang, der mehr damit zu tun hat, sich zu bestimmten, das Verhältnis von Individuum und Gesellschaft fokussierenden Theorietraditionen zu relationieren.

8.2

Die Bezugnahme auf die „Tradition" soll hier nicht im Detail nachvollzogen werden. Auf zwei interessante Aspekte kann hier allerdings kurz hingewiesen werden. Zum einen ist dieser Rückbezug auf Theorien der Individualität so angelegt, dass in ihn zugleich eine fundamentale Kritik an der Theorie des kommunikativen Handelns (Habermas 1981) mit eingeflochten werden kann. Dabei bezieht Luhmann sich auf eine theoretische Diskurslinie, die mit Hegel und Humboldt das Verhältnis von Individuum und Gesellschaft als eines gefasst hat, in dem es darum geht, eine Versöhnung von Besonderem und Allgemeinem durch die Realisierung des Allgemeinen im Besonderen, durch die Entfaltung des gesamten Potenzials des Menschen im individuellen Bildungsprozess, zu erreichen. Bei Habermas erscheint diese Figur der Realisierung des Allgemeinen im Besonderen dann in der für das verständigungsorientiert handelnde Individuum gegebenen Möglichkeit, die Allgemeingültigkeit von Gründen zu prüfen und anzuerkennen (SS 352). „Aber wird es das *tun*? Und wenn Alter sich dem entzieht, soll Ego dann trotzdem für sich akzeptieren, was seiner Meinung nach Alter für sich akzeptieren müßte?“ (ebd.; Hervorh. i. O.)

Die Distanzierung gegenüber einer theoretischen Perspektive, die sich für die Relation von Allgemeinem und Besonderem, auch für das Verhältnis von sozialen Prozessen und individueller Erfahrung interessiert – und dies ist der andere Aspekt, der hier Erwähnung finden soll – verläuft über einen Rückbezug auf Parsons. Dabei ist das entscheidende Moment dieser diskursiven Rückbindung die Lösung der Figur der Individualität von der Vorstellung, dass sich in einer solchen Individualität etwas für dieses Individuum Eigenartiges, etwas Besonderes oder gar die Versöhnung des Besonderen mit dem Allgemeinen realisieren lassen können soll. Stattdessen wird Individualität in der begrifflichen Form des personalen oder psychischen Systems als ein Konstruktionsmoment in der Theorie eines allgemeinen Handlungssystems aufgefasst; Individualität entleert und abstrahiert sich in der Transformation zum Konzept des psychischen Systems und ist in dieser Form nicht inhaltlich bestimmt, sondern ein funktional erforderliches Prozessmoment, das zur Emergenz von Handlung beiträgt (SS 353f.). Genau mit dieser Abstraktion ist dann die Luhmann'sche Verwendungsweise des Konzepts des psychischen Systems vorbereitet und in der Architektur des theoretischen Entwurfs an der Position verortet, die in konkurrierenden soziologischen Theorien dem Individuum zukommt.

8.3

Erst nach dieser Vorbereitung setzt Luhmann dann die Beschreibung einer Autopoiesis psychischer Systeme an. Dabei geht er von der „autopoietische[n] Differenz“ (SS 367) aus, also der Differenz, die zwischen den Autopoiesen des Sozialen, des Organismus und der Psyche besteht. Luhmann bestimmt als den basalen, selbstreferentiellen Operationsmodus psychischer Systeme das Bewusstsein (SS 355). Elementare Einheiten des Operierens des psychischen Systems sind Vorstellungen, die sich in einem Prozess, den Fuchs (2004, 49f.) als „Konkatenation“ bezeichnet hat, aus sich selbst heraus generieren. Luhmann spricht von einem „kontinuierlichen Prozeß der Neubildung von Vorstellungen aus Vorstellungen" (SS 356) und findet in diesem prozessualisierten Bewusstsein den Modus der Autopoiesis des psychischen Systems. Es sind relativ wenig theoretische Spezifikationen, die Luhmann hierzu erläuternd vornimmt. Zentral ist das Moment der Zeitlichkeit, mit dem Luhmann an Husserl und Derrida anschließt (SS 356). Das Bewusstsein ist in seiner Aktualisierung als Vorstellung immer nur operations-, man könnte auch sagen, autopoiesisfähig, in dem es in der Vorstellung die Differenz zu den gerade nicht aktualisierten – und damit auch zu der unmittelbar nachfolgenden – Vorstellungen prozessiert. Damit ist das Abwesende und Nachfolgende als operatives Moment der Autopoiesis immer schon vorausgesetzt – dies aber nicht im Sinne einer abstrakten Ermöglichungsbedingung, sondern in der Form einer Ko-Produktion des Ungleichzeitigen. Es handelt sich um ein komplexes Verständnis von Zeitlichkeit, das in Analogie zur Figur der différance (Derrida 2004) konstruiert ist. Luhmann wird diese theoretische Figur erst in späteren Schriften ausführen (KunstG, GG, vgl. auch Fuchs 2005) und nutzt hier in *Soziale Systeme* die Begriffe der Differenz und der Limitation, um diese Eigenartigkeit der Autopoiesis des psychischen Systems zu beschreiben: „Die Anschlußvorstellungen müssen sich unterscheiden können von dem, was im Moment gerade das Bewußtsein füllt; und sie müssen in einem begrenzten Repertoire zugänglich sein, weil kein Fortgang möglich wäre, der noch als Anschluß erkennbar ist, wenn im Moment alles möglich und gleich wahrscheinlich ist." (SS 358).

In dieser theoretischen Formation soll der Begriff der Individualität dann wenig mehr besagen als bereits in Begriff der Autopoiesis gefasst ist; Individualität ist auch hier bei Luhmann nicht inhaltlich bestimmt, sondern als eine Prozessqualität der Autopoiesis des psychischen Systems: „Geht man von diesem Konzept aus, kann Individualität nichts anderes sein als die zirkuläre Geschlossenheit dieser selbstreferentiellen Reproduktion" (SS 357). Damit ist man in der Tat weit entfernt von einer inhaltlichen Bestimmung von Individualität und noch weiter von der Vorstellung, dass sich das Besondere einer Individualität über eine bestimmte Relation zum Allgemeinen beschreiben lassen könnte.

Auf einer nachgeordneten Ebene der Differenzierung der Theorie führt Luhmann dann auch für das psychische System die aus der Beschreibung der sozialen Systeme bekannte Unterscheidung zwischen Autopoiesis und Selbstbeschreibung ein (SS 360). Die Autopoiesis des psychischen Systems ist beobachtbar – nicht nur durch einen externen Beobachter, der dies theoretisch konstruiert, sondern in dieser theoretischen Konstruktion auch durch das psychische System selbst. Die reflexive Beobachtung der eigenen Autopoiesis des psychischen Systems nimmt, in dem sie sich sprachlich und inhaltlich bestimmt, die Form einer Selbstbeschreibung an. Die Art und Weise, in der dies geschieht, die Semantik, die das psychische System dafür nutzen kann, ist sozial induziert und dies gilt bis hin zu der Abhängigkeit von historischen Konstellationen, in denen kommunikativ konstituierte Diskurse solche Formen der Selbstbeschreibung anhand des Konzeptes der Individualität erst nahelegen (vgl. SS 361). Letztlich ist es eine kontingente historische Kontextbedingung der Autopoiesis psychischer Systeme, dass in ihrer sozialen Umwelt kommunikative Prozesse eine Gestalt annehmen, die sich inhaltlich mit Personen als Individuen und mit der diskursiven Form der Individualität beschäftigen und damit den psychischen Systemen ein „Selbstbeschreibungsformular“ (SS 360) zur Verfügung stellen.

8.4

Das Bereitstellen einer solchen Art von Formularen der Selbstbeschreibung soll nicht besagen, dass Soziales in Psychisches einfließt. Die Differenz der Autopoiesen soll strickt gewahrt bleibt und diese Relation zwischen den beiden Formen von Systemen wird erneut mit der bereits im sechsten Kapitel vorgestellten Figur der Interpenetration gefasst. Hier interessiert sich Luhmann nun stärker für die Frage, wie das mit dem Begriff der Interpenetration beschriebene Verhältnis, in dem sich die Systeme wechselseitig vorstrukturierte Eigenkomplexität zur Verfügung stellen, einen Transfer sozialer Komplexität in den Bereich einer potentiellen psychischen Nutzung dieser vorstrukturierten, fremden Eigenkomplexität ermöglichen kann. Das diskursive Motiv der Individualität oder spezifische, kommunikativ prozessierte Identitätsformationen, die auf irgendeinem Wege einer Rezeption in der psychischen Autopoiesis zugänglich werden sollen, sind Beispiele, an denen sich das theoretische Problem konkretisiert, dass eine systemexterne Komplexität systemintern genutzt werden können soll. Genau hier sieht Luhmann bezogen auf diese Interpenetrationsrelation die Funktion von Sprache: „Die für diesen Transfer entwickelte evolutionäre Errungenschaft ist die Sprache“ (SS 367). Und noch einmal sehr pointiert formuliert: „Die Sprache überführt soziale in psychische Komplexität.“ (SS 368). In der weiteren Ausführung verschiebt sich bei Luhmann allerdings noch einmal der Schwerpunkt in der Darstellung. Er wird nun auf die Art und Weise gelegt, wie Sprache in der autopoietischen Operationsweise des Bewusstseins, in der Verkettung von Vorstellungen, verwendet wird; und vielleicht liegt der Grund dafür in der Möglichkeit, diese Darstellung zugleich zu einer exemplarischen Beschreibung der Funktionsweise des operativen Prozesses der Selbstkontinuierung des Bewusstseins zu nutzen.

Zu betonen ist hier zunächst die Differenz von Sprache und Bewusstsein. Bewusstsein reduziert sich nicht auf ein Prozessieren von Sprache und ist auch kein inneres Reden; zugleich transzendiert Sprache aber auch die Sphäre des Psychischen – wie anders sollte sie sonst als Vehikel der Interpenetration fungieren. Vielleicht lässt sich sagen, dass das Bewusstsein in der psychischen Autopoiesis und die Kommunikation in der sozialen Autopoiesis in je spezifischer und differenter Weise operativ auf Sprache zugreifen. Bezogen auf das Bewusstsein führt dies zu der Annahme, dass der Übergang von Vorstellung zu Vorstellung sich sprachlich strukturiert vollziehen kann. Dadurch entstehen die von Luhmann (SS 368f.) beschriebenen, an die spezifischen Charakteristika von Sprache gebundenen Möglichkeiten der Differenzierung und Diskontinuierung psychischer Operationen. Sprache erleichtert es dem psychischen System sich in einen gedanklichen Kontext zu vertiefen, genauso wie sie es auch erleichtert von diesem dann in einen ganz anderen Kontext zu wechseln. Die damit postulierte Differenz von Vorstellungen, die sprachlich strukturiert sein können und auch als solche in der Autopoiesis des psychischen Systems operativ prozessiert werden können, und der Autopoiesis selbst, wird von Luhmann über eine Aufforderung zur reflexiven Beobachtung des eigenen Bewusstseinsprozesses veranschaulicht und gewinnt dabei eine deutliche Plausibilität: „Man muß sich nur beim herumprobierenden Denken, bei der Suche nach klärenden Worten, bei der Erfahrung des Fehlens sprachlicher Ausdrucksweisen, beim Verzögern der Fixierung, beim Mithören von Geräuschen, bei der Versuchung, sich ablenken zu lassen oder in der Resignation, wenn sich nichts einstellt, beobachten, und man sieht sofort, daß sehr viel mehr präsent ist, als die sprachliche Wortsinnsequenz, die sich zur Kommunikation absondern läßt.“ (SS 368f.)

8.5

Kehren wir zurück zur Frage der Marginalität dieser hier von Luhmann präsentierten Überlegungen zur Individualität psychischer Systeme. Wie auch immer man die Bedeutung eines diskursiven Motivs von Individualität einschätzen mag, die Abgrenzung von theoretischen Traditionslinien, die die Konstitution des Sozialen an das Wirken Einzelner gebunden sehen oder der psychischen Erfahrung soziale Relevanz beimessen, steht sicherlich im Zentrum der theoretischen Konstruktion Luhmanns. Zugleich ist eine theoretische Beschreibung der Funktionsweise psychischer Systeme in diesem Theoriezusammenhang auf ein Minimum reduziert – es scheint hier eine grobe Skizzierung der Funktionsweise einer psychischen Autopoiesis zu reichen, um das sich darin eröffnende theoretische Feld als Ganzes aus der Theorie sozialer Systeme streichen zu können. Fraglich bleibt, ob eine solche Konstruktion der Theorie nicht erst recht supplementäre theoretische Bewegungen evoziert. Vielleicht legt gerade der Ausschluss des Psychischen aus dem Sozialen eine Doppelperspektivierung nahe, die dann psychische und soziale Systemprozesse in ihrer Relation beobachtbar machen kann.

Literatur

Derrida, Jaques: Die différance. Ausgewählte Texte. Mit einer Einleitung herausgegeben von Peter Engelmann. Stuttgart 2004

Fuchs, Peter: Der Sinn der Beobachtung. Begriffliche Untersuchungen, 2. Aufl. Weilerswist 2004

Fuchs, Peter: Die Psyche. Studien zur Innenwelt der Außenwelt der Innenwelt. Weilerswist 2005

Habermas, Jürgen: Theorie des kommunikativen Handelns. Frankfurt/M. 1981

9

Julian Müller und Armin Nassehi

Struktur und Zeit (8. Kapitel)

9.1

Innerhalb der Architektur und der Dramaturgie von *Soziale Systeme* markiert dieses achte Kapitel einen deutlichen Einschnitt. Musste sich der Leser in den vorangegangenen Kapiteln auf die Diskussion fachfremder Theorieangebote, etwa aus der Neurobiologie oder der Kybernetik, und damit einhergehend auf folgenreiche terminologische Umstellungen einlassen, setzt dieses Kapitel scheinbar an einem wohlbekannten und vieldiskutierten Begriff an – am Begriff der Struktur. Wer sich nun auf vermeintlich sicherem soziologischen Boden wähnt, wird allerdings schnell enttäuscht. Bereits im ersten Absatz weist Luhmann darauf hin, dass seine Systemtheorie den Begriff der Struktur gar „nicht vorrangig benötigt" (SS 377). Soll es also in diesem umfangreichsten Kapitel aus *Soziale Systeme* um einen Begriff gehen, den Luhmann im Grunde für verzichtbar hält? Nein, denn dieses Kapitel handelt gar nicht von Strukturen. Es ist überschrieben mit „Struktur und Zeit", und es ist das ‚und', in dem nicht nur der Schlüssel für ein Verständnis dieses Kapitels, sondern vielleicht sogar für ein Verständnis des spezifisch luhmannschen Zuschnitts von Systemtheorie liegt. Denn während Strukturen üblicherweise als invariant und zeitunabhängig, Zeit dagegen als offen und uneingeschränkt vorgestellt werden, kann man an diesem Kapitel lernen, Struktur und Zeit zusammenzudenken.

Der Strukturbegriff war, ob in der Linguistik, in der Literaturwissenschaft, in der Ethnologie, in der Philosophie oder in der Soziologie, einer der meistdiskutierten wissenschaftlichen Begriffe des 20. Jahrhunderts, und der Strukturalismus stellte für über zwei Jahrzehnte das beherrschende Paradigma innerhalb der Geistes- und Sozialwissenschaften dar. Luhmann beginnt das Kapitel daher mit einer Auseinandersetzung mit zwei der wichtigsten Vertreter: Die Namen Claude Lévi-Strauss und Talcott Parsons stehen dabei für die wohl ehrgeizigsten und auch imposantesten Versuche, Einzelphänomene der sozialen Wirklichkeit auf eine dahinterliegende Struktur zurückzuführen. Der Vorwurf, den Luhmann beiden Positionen macht, richtet sich in erster Linie auf das Verhältnis von Strukturbegriff und Realität. Die Frage, ob Strukturen Abstraktionen der Realität oder Abstraktionen eines Beobachters sind, sieht Luhmann sowohl im Strukturalismus eines Claude Lévi-Strauss als auch im Strukturfunktionalismus eines Talcott Parsons systematisch ausgeblendet, was seiner Ansicht nach unweigerlich in epistemologische Ontologie bzw. analytischen Realismus mündet (vgl. SS 379). Ob man als Soziologe Handlungen jedoch deswegen beschreiben kann, weil man sie auf bereits vorausgesetzte Strukturerfordernisse zurückführt – wie Parsons – oder ob man sich dagegen für die Strukturiertheit von Handlungen interessiert – wie Luhmann –, sind zwei völlig verschiedene Dinge. An der Systemtheorie seines ‚Lehrers' Talcott Parsons, das hat Luhmann mehrfach betont, hat ihn daher auch in erster Linie die „Hermetik der Theorie" (ES 40) abgeschreckt, die sich schon ästhetisch in der formalen Darstellung des berühmten AGIL-Schemas niedergeschlagen hat. Welche Theorieentscheidungen Luhmann selbst vorgenommen hat, um der Gefahr des Hermetischen zu entgehen, lässt sich an der Auseinandersetzung mit dem Strukturbegriff gut nachvollziehen. „[D]aß komplexe Systeme Strukturen ausbilden und ohne Strukturen nicht existieren könnten" (SS 382), will seine Systemtheorie daher auch gar nicht leugnen, aber der Strukturbegriff des Strukturalismus bzw. des Strukturfunktionalismus erfährt in *Soziale Systeme* doch eine deutliche Modifikation. Wenn man so will, verpasst Luhmann dem Strukturbegriff hier eine operative Wendung. So verliert zwar der Begriff der Struktur „seine Zentralstellung" (SS 382) innerhalb der Theorie, aber dieses achte Kapitel reagiert auf viele offene Fragen, die in den vorangegangenen Kapiteln aufgeworfen wurden.

9.2

Auf dem Weg zu diesem achten Kapitel konnte man als Leser bereits erfahren, dass Luhmann Systeme als autopoietische, also sich selbst und mit eigenen Mitteln reproduzierende Systeme begreift. Die Elemente, aus denen Systeme bestehen, sind Ereignisse; im Falle sozialer Systeme, für die sich Luhmann vor allem interessiert, sind es kommunikative Ereignisse. Da Ereignisse selbst aber nur von kurzer Dauer sind, stellt sich unweigerlich die Frage, wie es ereignisbasierten Systemen überhaupt gelingen kann, sich zu kontinuieren. Im Grunde ist das eine der klassischen Fragen der Soziologie: Wie und unter welchen Bedingungen kann eine Handlung an eine andere Handlung, bei Luhmann: Kommunikation an Kommunikation, anschließen? Und genau auf diese Frage geht dieses achte Kapitel ein, und es ist der Strukturbegriff, der auf diese Frage eine Antwort gibt.

So tautologisch es klingen mag, Strukturen strukturieren die Autopoiesis eines Systems von Ereignis zu Ereignis. Sie tun das, indem sie den Möglichkeitsspielraum der in einem System zugelassenen Anschlüsse einschränken, so dass in einer bestimmten Situation dann eben nicht mehr prinzipiell alles möglich ist. Strukturen leisten mithin die „Überführung unstrukturierter in strukturierte Komplexität" (SS 383), sie beseitigen Kontingenz also nicht vollständig, aber sie machen, so könnte man sagen, Kontingenz handhabbar. Das ist ein wichtiger Hinweis, den es gerade vor dem Hintergrund aktueller Debatten um so genannte Praxistheorien (vgl. Reckwitz 2003) ernst zu nehmen gilt. Denn temporalisierte Ereignisse sind für Luhmann immer „Neukombinationen von Bestimmtheit und Unbestimmtheit" (SS 395), und somit sind Kommunikationen grundsätzlich mit der Aufgabe konfrontiert, Unbestimmtheit zu bearbeiten, aber auch aufrecht zu erhalten, damit weitere Kommunikationsmöglichkeiten und auch -notwendigkeiten bestehen bleiben. Das heißt auch, dass jedem System immer ein notwendiges Maß an Unbestimmtheit inhärent sein muss, denn sowohl bei vollständiger Entropie als auch bei vollständiger Determination würde es aufhören, zu existieren. Es wüsste nicht, wie es weiter geht. Mithilfe des Strukturbegriffs gelingt es also, in den Blick zu nehmen, wie Systeme das Verhältnis zwischen Bestimmtheit und Unbestimmtheit, zwischen der Einschränkung ihrer Möglichkeiten und der Aufrechterhaltung ihrer Möglichkeiten managen.

Damit ist allerdings noch nichts darüber ausgesagt, wie die beiden Begriffe ‚Struktur' und ‚System' zueinander stehen. Wo etwa sind Strukturen zu verorten? Haben sie überhaupt einen Ort? Luhmann weist darauf hin, dass Strukturen niemals außerhalb eines Systems situiert sind. Strukturen sind Strukturen *des* Systems, und kein System kann Strukturen aus seiner Umwelt importieren. Es wäre nun aber falsch, Strukturen als Bestandteile eines Systems aufzufassen, als hätten Systeme sowohl zeitflüchtige Anteile (Ereignisse) als auch zeitfeste Anteile (Strukturen) – so wie die Soziologie gerne Strukturen und Akteure voneinander unterscheidet: Strukturen als stabile Vorgaben und Akteure als strukturkritische Importeure von Kreativität (vgl. Schimank 2000). Für Luhmann muss das Verhältnis zwischen Ereignis und Struktur deutlich profilierter beschrieben werden. Anschaulich machen lässt sich das an der Figur der ‚Anschlussfähigkeit', die bereits im ersten Kapitel eingeführt wurde (vgl. SS 62). Die luhmannsche Idee der Anschlussfähigkeit will genau darauf verweisen, dass sich Ereignisse niemals bloß ereignen, sondern sich bereits immer in strukturierter Form ereignen. Systeme sind gezwungen, bestimmte Anschlüsse vorzunehmen und andere auszuschließen und durch diesen Ausschluss bereits wieder neue Anschlussmöglichkeiten zu eröffnen. Luhmann bringt das auf die bündige Formel: „Die Selektion von Einschränkung wirkt somit als Einschränkung von Selektionen, und das festigt die Struktur." (SS 385) Jedes Anschlussereignis ist somit ein neues Ereignis und zugleich aber auch ein Anschluss an ein vorhergegangenes Ereignis, es ist schon „immer strukturell vorkategorisiert" und kann „doch immer neu erscheinen" (SS 383).

Im Grunde interessiert sich Luhmann daher in diesem Kapitel auch gar nicht vorrangig für Strukturen, sondern viel eher für Struktur*bildung*, und diese ist ein unhintergehbarer Aspekt der Selektion von Ereignissen, der *per eventum* geschieht und *post eventum* selektiv verarbeitet werden muss. Pointiert gesagt: Strukturen sind der Ereignishaftigkeit von Systemen nicht vorgeordnet, sondern werden im Sich-Ereignen erst erzeugt. Sie sind daher auch „nicht produzierender Faktor, nicht die Ur-Sache" (SS 384) von Systemen, sondern sowohl Bedingung als auch Ergebnis von Systembildung. Denkt man diesen Gedanken zu Ende, ist es schlichtweg unmöglich, so etwas wie den Ort von Strukturen zu bestimmen. Strukturen dürfen daher auch nicht als abstrakte Makrophänomene gedacht werden, die über einer Mikroebene schweben und gesellschaftliche Praxis quasi von oben steuern. Und ebenso wie Luhmann die in der Soziologie übliche Unterscheidung von Mikro/Makro unterläuft, unterläuft er auch die vermeintlich eindeutige Unterscheidung von Struktur/Praxis. Denn Strukturen gibt es, das ist der radikale Vorschlag, den dieses Kapitel macht, nur *in praxi*, es gibt sie ausschließlich in operativer Form. Sie tauchen in dem Moment auf, in dem ein System operiert. „Strukturen gibt es nur als jeweils gegenwärtige; sie durchgreifen die Zeit nur im Zeithorizont der Gegenwart, die gegenwärtige Zukunft mit der gegenwärtigen Vergangenheit integrierend." (SS 399)

Diese Konzeption des Strukturbegriffs erinnert stark an Edmund Husserls *Phänomenologie des inneren Zeitbewußtseins.*[1] Husserl hatte, mit Systemreferenz auf das Bewusstsein, gezeigt, wie sich so etwas wie eine Kontinuität des Bewusstseins durch ereignisbasierte Selektionen, also selbsterzeugte Einschränkungen ermöglicht und dadurch strukturiert. Modern gesprochen, schränkt ein Bewusstsein Unwahrscheinlichkeit ein, indem es den Möglichkeitsraum von Zukünften verknappt. In Husserls Worten: Eine selbstevidente Kontinuität kann nur dadurch hergestellt werden, „dass fortgilt als noch Behaltenes, was nicht mehr erscheint, und in der die einen kontinuierlichen Ablauf antizipierende Vormeinung, die Vorerwartung des ‚Kommenden', sich zugleich erfüllt und näher bestimmt" (Husserl 1962, 161). Bereits in Husserls Begrifflichkeit taucht also der Begriff auf, an den auch Luhmann den Strukturbegriff bindet: der Erwartungsbegriff.

9.3

Wenn Struktur als Einschränkung des Möglichkeitsspielraums eines Systems aufgefasst werden kann, geht daraus allerdings noch nicht hervor, wie soziale Systeme ihrerseits diese Einschränkung registrieren können. An dieser Stelle greift Luhmann auf einen Begriff zurück, der schon in seinen frühen Schriften an prominenter Stelle steht und dort zu Beginn der Ausarbeitung einer Systemtheorie bereits spätere Theorieentscheidungen entscheidend vorbereitet[2]: auf den Begriff der Erwartung. In sozialen Systemen treten Strukturen in

1 Siehe hierzu ausführlicher Nassehi (2012; 2008, 62ff.).

2 Hier vor allem FuF, 27ff. und Luhmann 1972, 31ff.

Form von Erwartungsstrukturen auf. „Erwartungen sind, und insofern sind sie Strukturen, das autopoietische Erfordernis für die Reproduktion von Handlungen. Ohne sie würde das System in einer gegebenen Umwelt mangels innerer Anschlußfähigkeit schlicht aufhören, und zwar: von selbst aufhören." (SS 392) Mithilfe des Erwartungsbegriffs unterstreicht Luhmann abermals, dass Systeme nicht als durch ihre Umwelt determiniert begriffen werden dürfen. Systeme können überhaupt nicht von Außen eingeschränkt werden, es ist vielmehr so, dass sie sich selbst einschränken, und zwar durch eigene Erwartungen. Indem Luhmann den Strukturbegriff an den Erwartungsbegriff bindet, umgeht er die klassische Unterscheidung von Subjekt und Objekt. Denn sobald Strukturen als Erwartungsstrukturen ausgewiesen werden, ist es unmöglich zu behaupten, Strukturen seien objektive, Erwartungen dagegen subjektive Angelegenheiten. Was hier als ‚Erwartung' bezeichnet wird, darf daher auch nicht als innerpsychischer Vorgang missverstanden werden, der gar nicht in das Aufgabengebiet der Soziologie fällt. Luhmann interessiert sich für Erwartungen als soziale Tatsache, als „Sinnform" (SS 399). Der Begriff macht es möglich, zu beschreiben, wie sich Sinn so verdichten lässt, dass Systeme nicht mit prinzipiell allen Möglichkeit in einer gegebenen Situation rechnen müssen, sondern nur mit bestimmten Möglichkeiten. „Strukturbildung heißt also nicht einfach, Unsicherheit durch Sicherheit zu ersetzen. Vielmehr wird mit einem höheren Grad an Wahrscheinlichkeit Bestimmtes ermöglicht und anderes ausgeschlossen." (SS 417f.) Durch systeminterne Erwartungen gelingt es, Sinn derart zu generalisieren, dass im Einzelfall von konkreten, faktischen Zuständen abgesehen und somit „Verdichtungsgewinn" (SS 397) erzielt werden kann.

Sichtbar werden Erwartungen überhaupt erst an Enttäuschungen. Zugleich ist es theoretisch nicht ganz einfach, Erwartungen empirisch sichtbar zu machen. Wollte man ein Beispiel konstruieren, dann käme man entweder auf psychische oder kommunizierte Erwartungen, aber nur sehr schwer darauf, worum es hier geht. Erwartungen sind bereits vorgängig jene Möglichkeiten minderer Unwahrscheinlichkeit, die sich im System etablieren bzw. immer schon etabliert haben. Erst wenn im System registriert wird, dass die Dinge anders laufen als „erwartet", wird die Erwartung erst zu etwas, mit dem man ein Beispiel anreichern könnte. Man könnte vielleicht sagen, dass die Erwartungen zum blinden Fleck des Systems gehören – aber durchaus beobachtet werden können, was wiederum nur aufgrund bestimmter Erwartungen möglich ist. So kommt es durch Überraschungen, Brüche und Irritationen zur laufenden Reorganisation von Erwartungsstrukturen. Das heißt auch, dass Erwartungen nicht nur Projektionen in die Zukunft sind, sondern dass auch Erfahrungen aus der Vergangenheit in sie eingehen. An Erwartungen lässt sich daher eine „eine systemeigene Zeitlichkeit" (SS 420) ablesen, wobei Zeit hierbei nicht als objektive Zeit vorgestellt werden darf. Mithilfe von Erwartungen gelingt es Systemen, die Zeit „gleichsam beweglich, nämlich in sich selbst verschiebbar" (SS 419) zu organisieren. Nimmt man diesen Vorschlag ernst, ist Zeit kein linearer Übergang von der Vergangenheit hin zur Zukunft, sondern muss als Übergang einer Gegenwart zu einer nächsten Gegenwart gedacht werden, aus der sich je eigene Vergangenheiten und Zukünfte ergeben – exakt für diese Idee der radikalen Gegenwartsbasiertheit steht, darauf haben wir bereits weiter oben hingewiesen, die husserlsche *Phänomenologie des inneren Zeitbewußtseins* Pate.

An dieser Stelle lohnt es sich, auf den kurzen Abschnitt VI des Kapitels zum Thema Entscheidungen hinzuweisen. Auch Entscheidungen werden hier als Erwartungen rekonstruiert, und zwar als Erwartungen, die eine Handlung an sich selbst richtet. Auf nur wenigen Seiten gelingt es Luhmann, vieles von dem, was in der Soziologie als ‚choice' firmiert, dem Gegenstand angemessen zu verkomplizieren. Entscheiden heißt dann eben nicht bloß, eine Wahl zwischen zwei Alternativen vorzunehmen. Entscheiden heißt, eine durch die Entscheidung selbst erzeugte Zukunft zu projektieren, aus der sich die Gegenwart dann retrospektiv als Vergangenheit beobachten lässt.

Nun war bislang nur die Rede von einfachen Erwartungen. Luhmann ist aber Soziologe und so gilt sein Interesse in erster Linie Erwartungserwartungen, also denjenigen Fällen, in denen sich eine „Reflexivität des Erwartens" (SS 412) beobachten lässt. Erst wenn Erwartungen generalisiert erwartet werden können oder genauer: Erwartungserwartungen generalisiert unterstellt werden können, kann Verhalten zeit-, personen- und situationsübergreifend koordiniert werden. Man rechnet anderen zu, dass sie von einem selbst bestimmte Erwartungen erwarten. Diese Formulierungen mögen zwar abstrakt klingen, aber es handelt sich hierbei keineswegs um theoretische Fingerübungen. Wer etwa das erste Treffen eines Liebespaares untersuchen möchte, wird sehen, dass Luhmanns Interesse letztendlich immer der Beschreibung empirischer Situationen gilt. Wer selbst schon mal so einen empirischen Fall erlebt hat, wird an sich beobachtet haben, dass

Handeln in solchen Situationen nur schwer auf transparente intentionale Begründungen zurückgeführt oder gar als Realisierung womöglich noch rationaler Ziele beschreiben werden kann, sondern in hohem Maße durch die Unterstellung von an einen selbst gerichteten Erwartungen motiviert wird. Das betrifft Umgangsformen ebenso wie die Wahl der Kleidung oder der Gesprächsthemen und sogar noch den einkalkulierten (also erwartbaren) Bruch mit Erwartungen.

Die Betonung auf Unterstellung soll deutlich machen, dass Verhaltenskoordination nicht als Abgleich oder als realer Aushandlungsprozess von Erwartungen gedacht werden darf. Sie vollzieht sich jenseits der Rationalität oder Intentionalität der Beteiligten. Sie ist also ein *emergentes* soziales Phänomen, das sich quasi hinter dem Rücken der Beteiligten ergibt. Die Idee der Erwartungserwartung verbietet es somit, sich das Soziale als Aneinanderreihung von Einzelhandlungen, als Aktions-Reaktionskette vorzustellen. Vielmehr gilt es, hier betont Luhmann Nähen zu den interaktionistischen Soziologien George Herbert Meads oder Herbert Blumers, „Handlungszusammenhänge“ (SS 413) als Zusammenhänge in den Blick zu nehmen – und genau aus diesem Grund hat sich Luhmann auch für den Kommunikationsbegriff und gegen den Handlungsbegriff als Grundbegriff seiner Soziologie entschieden; weil er sich leichter prozesshaft und nicht an die Aktivität eines einzelnen Akteurs gebunden denken lässt.

9.4

Indem Luhmann Strukturen als Erwartungsstrukturen rekonstruiert und damit betont, dass Erwartungen einer permanenten Überprüfung und Reorganisation ausgesetzt sind, macht er auch deutlich, dass der Strukturbegriff nur schwer als Gegenbegriff zu ‚Wandel‘ herhalten kann. Luhmann beendet dieses achte Kapitel daher mit einem kurzen Exkurs in Abschnitt XVII zum Thema Strukturwandel, der auch deswegen lesenswert ist, weil die luhmannsche Systemtheorie noch immer im Verdacht steht, eine ordnungsfixierte und konservative Theorie zu sein.

Luhmann beginnt diesen Exkurs mit der kontraintuitiven Feststellung, dass man von Wandel überhaupt „nur in bezug auf Strukturen“ (SS 472) sprechen kann. Da Ereignisse nur von kurzer Dauer sind, kann ihnen keinerlei Änderungspotential zugeschrieben werden. Strukturen dagegen sind, wie weiter oben gezeigt, reversible Erwartungshorizonte, sie „garantieren trotz der Irreversibilität der Ereignisse eine gewisse Reversibilität der Verhältnisse" (SS 472). Nur auf der Ebene von Erwartungen kann ein System eine Konsistenzprüfung eigener Festlegungen vornehmen und diese unter Umständen auch anpassen oder verändern.

Die Theorie optiert daher auch nicht entweder für Wandel oder für Struktur, sondern fragt danach, wie Wandel strukturiert wird bzw. wie Strukturen Wandlungsprozessen ausgesetzt sind. Im Grunde steht diese Auffassung quer zu allem, was üblicherweise mit dem Strukturbegriff assoziiert wird. Strukturen werden hier eben nicht als abstrakte, von der empirischen Realität losgelöste Muster konzipiert, sondern als operative Muster. Luhmann bricht geradezu mit der Vorstellung, Strukturen bedeuteten Stabilität, Invarianz und Beständigkeit. Wenn man mit den Mitteln der luhmannschen Systemtheorie überhaupt von Stabilität sprechen möchte, muss man sie als „dynamische Stabilität" (SS 79) konzipieren. Die Frage nach Stabilität ist dann keine normative oder gar theorieleitende Frage, sie wird zu einer empirischen Frage. In der Soziologie fällt es bisweilen noch immer schwer, das zu vermitteln; zu bequem hat sich das Fach in seinen eigenen, lehrbuchhaften Unterscheidungen von Handlungs- vs. Systemtheorien, Struktur- vs. Praxistheorien oder Mikro- vs. Makrotheorien eingerichtet, und noch immer kann das Label ‚Systemtheorie' innerhalb des Faches als Chiffre für eine „Top-Down-Logik" benutzt werden, die individuelle Ereignisse nur als Ausdruck vermeintlich stabiler Systemlogiken oder vermeintlich stabiler Systemimperative in den Blick nehmen kann. Es sollte aber deutlich geworden sein, dass Stabilität nicht Ausgangspunkt für systemtheoretisches Denken ist, sondern vielmehr das theoretisch zu Erklärende. Den Strukturbegriff benötigt Luhmann dafür in der Tat „nicht vorrangig", er kann aber an ihm deutlich machen, dass sich Stabilität auch anders beschreiben lässt als bloß durch Rückgriff auf invariante und reifizierte Strukturen. Systemstabilisierung ergibt sich für Luhmann sozusagen induktiv durch strukturierende Ereignisgegenwarten von Ereignis zu Ereignis und nicht deduktiv, d. h. durch Ableitung aus einer dem System vorgeordneten Struktur. In diesem Zuschnitt lassen sich durchaus Parallelen zu Denkern wie Jacques Derrida, Gilles Deleuze oder auch Pierre Bourdieu herausarbeiten, die ebenfalls gegen den starren Strukturalismus ihrer Zeit und ihrer Lehrer die Dynamisierung und Temporalisierung des Strukturbegriffs vorangetrieben haben.[3] Insofern verwundert es auch nicht, dass Luhmann seine Systemtheorie an anderer Stelle selbst als „eine eindeutig poststrukturalistische Theorie“ (SA6 60) ausweist.

Vielleicht müsste man sogar noch eine andere und aus unserer Sicht präzisere Bezeichnung dafür wählen. Was Luhmann mit diesem achten Kapitel von *Soziale Systeme* gelungen ist, ist die Etablierung einer *Theorie des Operativen* in der Soziologie. Hier wird wirklich ernst gemacht mit dem Anspruch, Systeme nicht als Hüter von Strukturen zu denken, sondern den operativen Aspekt der dynamischen Schließung aller Operationen im je eigenen System auf den Begriff zu bringen. Der Strukturbegriff stand einmal für die Unentrinnbarkeit gegenüber einer mächtigen, invarianten Einschränkung von Möglichkeiten. Luhmanns operative Theorie interessiert sich dagegen gerade für die Varianzmöglichkeit solcher Einschränkungen, die in jeder Gegenwart neu gegeben ist und mit der Systeme zurande kommen müssen. Eine solche Theorie wundert sich nicht über Veränderung, sondern über Stabilität. Sie ist angesichts der Komplexität der Welt das Explanandum. Am Beginn seiner Soziologie firmierte das unter der Problemformel der *Reduktion von Komplexität.*

Literatur

Husserl, Edmund: Die Krisis der europäischen Wissenschaften und die transzendentale Phänomenologie. Eine Einleitung in die phänomenologische Philosophie, Husserliana VI, Den Haag 1962

Luhmann, Niklas: Rechtssoziologie, Reinbek 1972

Nassehi, Armin: Sozialer Sinn, in: ders. u. a. (Hg.): Bourdieu und Luhmann. Ein Theorienvergleich, Frankfurt/M. 2004, S. 155–188.

Nassehi, Armin: Die Zeit der Gesellschaft. Auf dem Weg zu einer soziologischen Theorie der Zeit. Neuauflage mit einem Beitrag „Gegenwarten“, Wiesbaden 2008

Nassehi, Armin: Edmund Husserl, in: Jahraus, Oliver u. a. (Hg.): Luhmann-Handbuch. Leben – Werk – Wirkung, Stuttgart 2012, S. 13–18.

Reckwitz, Andreas: Grundelemente einer Theorie der Praktiken. Eine sozialtheoretische Perspektive, in: Zeitschrift für Soziologie, 32. Jg. (Heft 4/2003), S. 282–301.

Saake, Irmhild: Theorien der Empirie. Zur Spiegelbildlichkeit der Bourdieuschen Theorie der Praxis und der Luhmannschen Systemtheorie, in: Nassehi, Armin u. a. (Hg.): Bourdieu und Luhmann. Ein Theorienvergleich, Frankfurt/M. 2004, S. 85–117.

Schimank, Uwe: Handeln und Strukturen, München 2000

3 Vgl. für den Fall Bourdieu ausführlicher Nassehi 2004 und Saake 2004.

10

Maren Lehmann

Widerspruch und Konflikt (9. Kapitel)

10.1

Im Unterschied zu Luhmanns früheren Schriften fällt an diesem Kapitel vor allem eines auf: Es wechselt den Fokus der Aufmerksamkeit vom Problem des Konflikts zum Problem des Widerspruchs. Es geht nicht so sehr um Fragen aktiven, handelnden, zurechenbaren Widersprechens, weder einseitig im Sinne eines Protests noch gegenseitig im Sinne eines Streits. Vielmehr werden diese Handlungsfragen als abgeleitete Fragen betrachtet, und entsprechend spät kommt das Kapitel darauf zu sprechen.

Das macht es keineswegs leichter, sich dieses Kapitel zu erschließen, im Gegenteil. Auch ein Blick in die vor 1984 erschienen Texte erleichtert nichts. Zwar sieht dieser Blick leicht, dass Luhmann als Beobachter des Rechts auftrat, als er begann, sich dem Problem von Widerspruch und Konflikt zu nähern. Deshalb sind die ersten Texte dazu dem sozialen Umgang mit enttäuschten Erwartungen gewidmet. Luhmann formuliert zuerst sehr anschaulich und spricht einfach von „Anforderungen [...], die sich nicht ohne weiteres miteinander vertragen", also „widerspruchsvolle[n] Anforderungen" (ZuS 229). Das Problem besteht dabei darin, dass diesen Anforderungen Genüge getan werden muss, obwohl sie, weil sie einander widersprechen, dieses Handeln nicht orientieren. Wo widersprüchliche Anforderungen normativ formuliert werden, sind Enttäuschungen wahrscheinlich. Enttäuschungen aber „führen ins Ungewisse" (RS 53, vgl. AdR

92ff., vgl. zuvor LdV 100ff.). Darauf – auf Widersprüche, durch die Ungewissheit forciert wird – sind Konflikte funktional bezogen. Diesen Gedanken baut Luhmann in allen seinen vor *Soziale Systeme* entstandenen rechtstheoretischen Schriften aus. Aber erst im vorliegenden Kapitel präferiert Luhmann die Beobachtung von Widersprüchen gegenüber der Beschreibung von Konflikten. Diese Präferenz erschwert zweifellos die Lektüre. Wir versuchen es dennoch.

10.2

Luhmann beginnt wissenschaftstheoretisch. Wenn Widerspruchsfreiheit zum Kriterium des wissenschaftlich Möglichen erhoben würde, müsste „Soziales aus der Umwelt der Wissenschaft [ausgeschlossen]" werden (SS 490). Mit einer gewissen Hinnahmebereitschaft für „fuzzy sets, Ambiguitäten, schlecht definierte Probleme" (ebd.) kann man dieses Manko kaum ausgleichen. Anforderungsreicher und humorloser zugleich wäre es, Widersprüche zu akzeptieren, ihnen aber „einen sehr hohen Ordnungsgrad" zu unterstellen und jede Form von Beweglichkeit und Variabilität von der Negation dieser Ordnung in Form ihrer Widersprüche abhängig zu machen; das führt in eine zum „Mitmachen beim Negieren" auffordernde Praxis („Dialektik", ebd.). Aber was bleibt, wenn diese beiden Möglichkeit zu nichts führen?

Die Alternative liege in einer „für Themen wie Zeit, Selbstreferenz und Sozialität adäquate[n] Logik", die „eine mehrwertige Logik sein müsse" (ebd.). Dies ist der Gegenstand des folgenden Kapitels. Luhmann (SS 491): „Wenn das soziale Leben selbst nicht logisch sauber arbeitet, lässt sich auch eine Theorie des Sozialen nicht logisch widerspruchsfrei formulieren. Wir wissen noch nicht einmal, ob wir überhaupt wissen, was ein Widerspruch ist und wozu er dient". Entsprechend ist zuerst nach der „Funktion von Widersprüchen" zu fragen (SS 492). Luhmann übersetzt dazu die ‚was ist und wozu dient'-Frage in die Unterscheidung von Autopoiesis und Beobachtung. Die Autopoiesis ‚des Sozialen' (vgl. Kap. 4) ist die Autopoiesis der Kommunikation, und deren Beobachtung – das heißt: deren kontextuelle Unterscheidung, mithin: deren Distinktion – findet in Form von Zurechnungen statt, die Kommunikation als Handlung ausweisen.

Luhmann erläutert das Problem des Handelns als Problem des Entscheidens. Wenn eine Unterscheidung beobachtet wird, deren unterschiedene beide Seiten

„nicht mit sich wechselseitig ausschließenden Bezeichnungen [besetzt]" sind (SS 492), dann stellt sich diese Unterscheidung *für ihren Beobachter* als lähmende „Unentscheidbarkeit" dar: als „Widerspruch" (SS 491f.; die entscheidende Pointe liegt in dem Hinweis, die einander ausschließenden Seiten in *einem* Kontext zu lokalisieren). Wir haben bereits gesehen, dass diese Lähmung in der Ungewissheit liegt, die durch einander widersprechende Anforderungen erzeugt wird. Aber trotz der Lähmung läuft Kommunikation weiter: Die Unentscheidbarkeit einer Unterscheidung „stoppt" zwar das Beobachten (SS 492), nicht aber die Autopoiesis; sie setzt zwar das Handeln aus (denn es ist ja unklar, wie gehandelt werden soll), nicht aber die Kommunikation (diese Unklarheit ist immer noch eine kommunikative Möglichkeit, dem Grübeln vergleichbar). Luhmann vermutet sogar, dass sich gerade die in einer Unentscheidbarkeit festhängende Beobachtung als elementarer Anlass autopoietischer Anschlüsse eignet, weil es für das „durch den Widerspruch gestoppt[e]" Beobachten um nicht mehr als um schieres Fortsetzen geht (ebd.). Man sieht sich an Sätze wie *Das Leben geht weiter!* erinnert, die sinnlos sind, aber genau hier ihren Sinn haben. Plötzlich werden Anschlüsse möglich, die ohne die Lähmung ausgeschlossen geblieben wären – etwa, weil sie in handlungsleitenden Anforderungen nicht vorgesehen waren. Jetzt kommen sie als erster nächster Schritt in Betracht. Jeder Widerspruch, folgert Luhmann, ist eine Evolutionsgelegenheit, eine „Chance" für „abweichende Selbstreproduktion": „Entsprechend gilt in allen selbstreferenziellen Systemen eine Doppelfunktion von Widersprüchen, nämlich ein Blockieren und Auslösen, ein Stoppen der Beobachtung, die auf den Widerspruch stößt" (die in ihrer eigenen Unterscheidung festhängt) „und ein Auslösen von genau darauf bezogenen, genau dadurch sinnvollen Anschlussoperationen" (ebd.).

Widersprüche sind demnach Ereignisse von unbestimmtem Anschlusswert, nicht Ereignisse ohne Anschlusswert. Aber was heißt ‚Unbestimmtheit'?

10.3

Mit der Vorstellung des Widerspruchs als Evolutionschance ist die Frage verbunden, ob (und wenn ja: wie) kommunikative Möglichkeiten in die Form von Widersprüchen gebracht werden können. Woran würde man, anders gefragt, einen Widerspruch erkennen, und wie könnte es gelingen, ihn als Chance zu begreifen und zu ergreifen?

Luhmann greift an dieser Stelle Überlegungen auf, eine „für Themen wie Zeit, Selbstreferenz und Sozialität adäquate Logik" zu entwickeln, die „eine mehrwertige Logik sein müsse" (SS 490). Er erinnert daran, dass derjenige, der einen Widerspruch als unmöglich ausschließt, zugleich immer auch derjenige ist, der diesen Widerspruch als Möglichkeit ernst nimmt. Denn der Widerspruch, das ergibt sich direkt aus dem bereits entwickelten Gedanken zum Zusammenhang von Autopoiesis und Beobachtung, traut der Beobachtung mehr zu als der Autopoiesis, vertraut aber zugleich auf die Robustheit der Autopoiesis (die hier im Vorausgriff auf Kap. 11 „basale Selbstreferenz" genannt wird): Der Widerspruch „entzieht" den kommunikativen Operationen „den Bestimmtheitsgewinn [...], den sie als Elemente des Systems aus der basalen Selbstreferenz ziehen können" (SS 493). Er entzieht dem System den Boden bzw. nimmt ihm die Sicherheit, verlässt sich dabei aber immer auf genau jene elementaren Operationen. Anders, handlungs- und also konfliktnäher formuliert: Der Widerspruch vertraut (im Sinne einer Wette oder auch eines Kredits) darauf, dass es weitergeht, markiert dieses Vertrauen aber durch den Einspruch dagegen, dass es weitergeht. (Luhmann wird dieses Vertrauen im Abschnitt IV unter dem Stichwort der durch Widersprüche immunisierten, ‚geschützten Autopoiesis' wieder aufnehmen; vgl. SS 507.) Die Selbstreferenz des Systems wird durch den Widerspruch also bestätigt; ein Konflikt oder ein Protest lässt sich auf Kommunikation ein. Aber zugleich wird das System in die Schranken des schieren elementaren Ereignisses gewiesen („extrem verkürzte, pure Selbstreferenz", SS 493), so dass das System sich im Moment des Widerspruchs nicht von diesem Ereignis unterscheiden kann; es hängt in der Gegenwart fest. Seine auf nichts als das nackte Fortsetzen ihrer selbst zurückgenommene Autopoiesis „boykottiert" jeden weiteren Distinktionsgewinn (ebd.). Wir hatten schon erwähnt, dass diese Lage dem Grübeln ähnelt. In präzise diesem Sinne jedenfalls ist durch den Widerspruch nicht die elementare Operation, sondern deren Kontext, die Umgebung des Ereignisses, also das System *unbestimmt*. „Die Form des Widerspruchs", resümiert Luhmann vorsichtig, „scheint dann dazu zu dienen, die [und zwar: jede, ML] schon erreichte Sinnbestimmtheit wieder in Frage zu stellen" (ebd.).

Hinsichtlich der Funktion von Negationen formuliert Luhmann wie ein Glücksspieler: Der ‚Entzug' von Bestimmtheit ermögliche Unbestimmtheit;

und Unbestimmtheit sei, da jeder andere ‚Gewinn' diskreditiert sei, eine ‚Chance' auf „beliebige Anschlussfähigkeit" (SS 493). Der Einsatz, den der Widerspruch ins Spiel bringt, ist die distinkte Sicherheit bzw. die Bestimmtheit des Systems selbst. Luhmann spricht von „zugesetzter Negation": „A ist (nicht) A" (ebd.). Aber was, wenn ‚nicht A', ‚ist A' dann? Im Moment des Widerspruchs gilt: Es könnte alles sein, man könnte beliebig anschließen, und diese extreme Öffnung ist der gesuchte ‚Gewinn'. In dieser auf ein schieres Ereignis zugespitzten Gleichzeitigkeit von Entzug und Zusatz liegt die im vorigen Abschnitt erwähnte evolutionäre ‚Chance'. Negation verspricht Evolution. Das heißt: Der Widerspruch ‚entzieht' nicht nur Bestimm*theit*, sondern ‚setzt' auch Bestimm*barkeit* ‚zu' (er nimmt Gewissheit weg, fügt aber Ungewissheit im Sinne möglicher Veränderung hinzu) – aber das, so Luhmann, „ist dann schon kein logischer Widerspruch mehr, sondern ein Problem" (SS 494). Denn es komme dann darauf an, die durch das ‚(nicht)' erreichte „diffuse Zerstreuung des Möglichen" nicht nur im Moment des Widerspruchs auf eben jene Evolutionschance zu „verdichte[n]" (ebd.), sondern daraus auch ein Gewebe von Einschränkungen und offenen Möglichkeiten – also: weitere Chancen – zu erwirtschaften.

Luhmann entwirft die so konturierte Frage nach der Funktion von Widersprüchen entlang der Differenz von psychischen und sozialen Systemen. Er vermutet einen gewissen Nachteil der Widerspruchstoleranz des psychischen Systems bzw. des Bewusstseins im Vergleich zum sozialen System bzw. zur Kommunikation. Das Bewusstsein kann, um bei der Glücksspielmetapher zu bleiben, nicht um sich selbst spielen; immerhin aber kann es an dieser Unmöglichkeit leiden – etwa an Statusdifferenzen, die über Rollenerwartungen zwar sozial integriert, dadurch aber psychisch nicht erträglicher werden. Vermutlich – aber davon steht nichts im Text – sieht Luhmann also im Leid, in der Leidenschaft, in der Passion das psychische Äquivalent des Widerspruchs im Sinne jener immer auch als Chance einleuchtenden blockierten Situation.

Das soziale System hat demgegenüber den Vorteil, die Negation in die Form der „Kommunikation von Ablehnung" zu bringen (SS 497) und auf diese Weise Widersprüche nicht nur zu tolerieren, sondern auch zu forcieren. Aus dem Hinweis auf Kommunikation hier, aber auch bereits aus den Ausführungen zu Autopoiesis und Beobachtung zuvor ist klar, dass Ablehnungen „in die kommunikative Selbstreferenz sozialer Systeme eingeschlossen sind; dass sie als Moment dieser

Selbstreferenz zu begreifen sind und nicht als von außen kommende Angriffe" (SS 498). Es geht auch im Falle von Widersprüchen um die „dreifache Selektion" (vgl. Kap. 3 und 4) von „Information, Mitteilung und Verstehen (mit oder ohne Akzeptanz)"; ein Dreifaches, das „als Einheit praktiziert" wird (SS 498). Das heißt: Jeder Widerspruch ist ein selektiv ausgewähltes Ereignis, das durch nichts als den Unterschied, den es trifft, einen „Struktureffekt" hat (SS 102): eine Information. Jeder Widerspruch ist ein selektiv ausgewähltes „Verhalten [...], das diese Information mitteilt" (SS 195): eine zurechenbare, das heißt eine mit einem eigensinnig beobachtenden Gegenüber (das Luhmann „Ego" nennt) rechnende Handlung, eine Mitteilung (ebd.). Wer widerspricht, muss sowohl die Selektivität der Information als auch die Selektivität der Mitteilung „begreifen" können (ebd.). Er muss, wie es (ebd.) heißt, frei urteilen und handeln können, er muss aber Urteil und Handlung auch unterscheiden können: Verstehen (vgl. SS 196). Einverständnis ist unter der Bedingung dieser Freiheit unwahrscheinlich. Und genau deshalb ist Widerspruch möglich. Mit Biermanns Vers *Den Sozialismus verhindert man am besten dadurch, dass man ihn aufbaut*: „Der Widerspruch entsteht dadurch, dass er kommuniziert wird" (SS 498).

Luhmann interessiert sich kaum für die Möglichkeiten, diese Kommunikation als forcierten Dissens, als Angriff auf andere im Sinne einer scharfen Praxis anzulegen. Viel reizvoller ist für ihn das „Raffinement der Widerspruchsvermeidung" dadurch, dass man solche Schärfen „passieren lässt" (SS 498); oder dadurch, dass man eigene Schärfen ironisiert: „Man meint es, aber man meint es nicht ernst" (SS 499). Solche Möglichkeiten interessieren ihn, weil sie seltener und voraussetzungsvoller sind als die Möglichkeiten der Kommunikation, sich selbst durch sich selbst zu blockieren. Letztere „fächern breit aus" (SS 499), und deren häufigste Variante ist nicht einmal die der expliziten Zurückweisung von Vorschlägen, sondern die der intentional bewaffneten Mitteilung „von Absichten, von Aufrichtigkeit, von gutem Willen", die „(unabsichtlich, aber zwangsläufig)" immer weiter aufrüstet, weil sie immer neue „Unterstellungen abzuwehren" hat, die sie doch selbst evoziert (ebd.). Luhmann nennt dergleichen „eine gewissermaßen durch Widersprüche versalzene Kommunikation" (ebd.). Das Wort „Vermeiden" fällt in diesem Abschnitt daher oft; es bezeichnet nicht einfach ein verlegenes Wegsehen, sondern die „Selbstdisziplinierung in der Kommunikation" (SS 500).

10.4

Mit dem Begriff des „Immunsystems“ (SS 504) wird jene Formulierung der Funktion von Widersprüchen eingeführt, für die dieses Kapitel soziologisch bekannt und berühmt geworden ist. Dieser Ruhm ähnelt dem, den Luhmanns frühe Formel der ‚Reduktion von Komplexität‘ erfahren hat; er beruht (wie Erfolg vielleicht generell) auf einem Missverständnis, hier auf einer scharfen Verkürzung des Arguments auf ein konventionell brauchbar scheinendes Schlagwort. Tatsächlich bildet der Abschnitt das Kernstück des Kapitels, und damit ordnet es sich eben nicht einfach der Frage nach dem Nucleus sozialer Widerständigkeit ein, sondern auch dem *Grundriss einer allgemeinen Theorie.* Gesucht ist noch immer eine Antwort auf die Frage nach der Möglichkeit einer ‚selbstreferenzadäquaten‘ Logik. Von dieser Logik ist nach dem Vorangegangenen bereits bekannt, dass sie eine Logik für durch Negation ermöglichte unbestimmte Bestimmbarkeit sein müsste; eine Logik, die den Strukturreichtum von Ereignissen auch und gerade dann beschreiben kann, wenn diese Ereignisse ‚Blockaden‘ oder eben Widersprüche sind. Luhmann vermutet nun, dass diese ‚selbstreferenzadäquate‘ Logik eine „immunologische Logik“ sein müsste (SS 507). Wie begründet er das?

Es war bereits die Rede davon, dass Widersprüche Ereignisse von unsicherem Anschlusswert sind; diese „Unsicherheit des Anschlusswertes von Ereignissen“ bildet hier den Ausgangspunkt (SS 502). Auch davon, dass diese Unsicherheit (hier: „Instabilität“, ebd.) nicht dysfunktional ist, sondern im Gegenteil dazu erforderlich ist, dass komplexe Systeme ihre Umweltverhältnisse austarieren können, war schon die Rede: Widersprüche sind Evolutionschancen, sie sind – wie es hier jetzt sehr technisch heißt – „Spezialeinrichtungen der Unsicherheitsamplifikation“ (SS 502), also ‚Einrichtungen‘, die über den Punkt ihres unmittelbaren ersten Auftretens hinaus ausstrahlen, die ihre Umgebung infizieren oder die, anders gesagt, aus einem Ereignis elementarer Unsicherheit ein verunsichertes Milieu schaffen. Dieser strahlende, infektiöse Effekt kompensiert die Instabilität des Ereignisses, das sich (eben dies heißt ‚Amplifikation‘) im Verschwinden ausbreitet: „Widerspruch scheint deshalb eine der Formen des Prozessierens zu sein, in die man Situationen bringen kann, die von selbst aufhören“ (zum Beispiel Ereignisse), „um trotzdem Anschlüsse zu ermöglichen“ (SS 503). Also haben Widersprüche ihren Sinn darin, „Erwartungssicherheit [...] aufzulösen“ (SS 501) und *im selben Moment* Erwartungsunsicherheit auszubreiten. Das System reproduziert sich im Moment seines Endes; und es braucht, um zu bestehen, nicht mehr als diesen Moment des Endes. Wenn es bei der Autopoiesis von Systemen also darum geht, die Ereignisse, aus denen ein System besteht, aus diesen Ereignissen zu reproduzieren, dann sind diese Ereignisse ausnahmslos solche Momente des Endes; ‚Instabilität' ist ein vergleichsweise vorsichtiger Ausdruck für diesen Umstand. Jedes Ereignis des Systems ist Letztereignis des Systems. Das heißt: Das System besteht aus nichts – oder genauer: in nichts – als seinem Ende; aber dieses Ende ist möglich (und nicht unmöglich). Denn der Ausdruck ‚das System besteht' besagt präzise: diese Letztereignisse amplifizieren sich selbst in dem Moment, da sie verschwinden. Luhmann bezeichnet diese laufend sich selbst vertagenden Letztereignisse als Widersprüche und notiert die Hoffnung für die Zukunft der Systeme lapidar mit dem Satz: Widersprüche können „Strukturen sprengen und sich selbst für einen Moment an ihre Stelle setzen" (SS 503).

Diese Reproduktionsleistung des Verschwindenden diskutiert Luhmann unter dem Stichwort des „Immunsystems" (SS 504). Es handelt sich eine Zweitfassung des Systems, die erkennbar werden lässt, dass die Elementarereignisse des Systems sowohl „Erstvorfälle" als auch „Störungen" oder „‚Zufälle'" sein können (all dies bündelt der Ausdruck ‚Widersprüche') (ebd.). Sie sind Elementarereignisse nicht deshalb, weil sie zu den Erwartungen bzw. den Sicherheiten des Systems wie zuverlässige Bausteine passen, sondern im Gegenteil gerade deshalb, weil sie *nicht* passen. Sie sind „‚Unheiten'"; reine „Ablehnungssymbole", die Negation mit Negation verknüpfen und dafür keine Gründe brauchen (SS 506). Man versteht sie nicht besser, wenn man sie versteht (ähnlich wie Luhmann in Kap. 5 nachgewiesen hatte, dass ‚Verstehen' und ‚Gleichsinnigkeit' nicht in eins fallen, weil ‚Verstehen' nur Anschluss heißt); deswegen ist es sinnlos, sie „in Kognition [oder] in besseres Wissen aufzulösen" (SS 505, mit einem Seitenhieb auf die Kognitionschancen notorisch überschätzende Soziologie). Sie sind nicht dem Wissen verwandt, sondern dem „Schmerz" (SS 505), denn auch dieser ist nichts als „komprimierte Unsicherheit" – und gerade deshalb impliziert er „etwas fast Sicheres: dass etwas geschehen muss": „eine Entscheidung", „ein Konflikt" (SS 506).

Jeder Zufall, jeder Unfall, jeder Einfall also *„zerstört für einen Augenblick die Gesamtprätention des Systems: geordnete, reduzierte Komplexität zu sein.* Für einen Augenblick ist dann unbestimmte Komplexität wiederhergestellt, ist alles möglich *[...]* Aber die *Autopoiesis* des Systems wird *nicht unterbrochen*. Es geht weiter" (SS 508f.; kursiv i. O.).

10.5

Nach dieser – man kann schon sagen: *crisis* – des Argumentationsganges kühlt Luhmann die Temperatur des Textes mithilfe eines knappen Exkurses zum Rechtssystem herunter. Er nimmt jetzt endlich die eingangs bereits erwähnten zahlreichen Vorstudien zur soziologischen Theorie des Rechts (LdV, ZuS, RS, AdR) wieder auf und bündelt sie zu der These, dass das Recht „als Immunsystem des Gesellschaftssystems dient" (SS 509).

Diesem ‚Dienst' geht es nach dem Vorigen darum, die ‚Gesamtprätention' sozialer Ordnung aufrechtzuerhalten. In dieser Funktion sieht Luhmann die Übersetzung von Widersprüchen – alarmierenden, störenden Ereignissen wie Zufällen, Unfällen, Einfällen – in Konflikte; genauer: in „Konfliktchancen" (SS 511). Luhmann bewegt sich, wenn man so will, aus der Schmerz- und Sprengungsmetaphorik wieder heraus und greift zurück auf die Glücksspielmetapher. In der Beobachtung des Rechts sind noch die nichtigsten kommunikativen Ereignisse immer mögliche Anlässe von Konflikten. Aber das Recht beobachtet, da es der Ordnung ‚dient', nicht politisch und nicht anarchisch. Es vermeidet nicht Konflikte, sondern „nur die gewaltsame Austragung von Konflikten" (ebd.). Die spezifisch rechtliche Form des Widerspruchs ist deshalb auch nicht der Konflikt selbst, sondern die Ablehnung von Gewalt, oder präziser: die Verknüpfung von ‚Konfliktchance' und Gewaltablehnung. Man hätte, wenn man so formuliert, ernst zu nehmen, dass auch hier die Ablehnung ein allenfalls „flackerndes" Signal ist (SS 509), also wie jeder andere Widerspruch auch ein sich selbst amplifizierendes Ereignis. Das Recht führt dadurch, dass es jede Ordnungsform auf ihre Strittigkeit hin beobachtet, also nicht nur zu einer „immensen Vermehrung der Konfliktchancen" in der Gesellschaft (SS 511), sondern amplifiziert auch die Möglichkeit von Gewalt.

10.6

Von der These einer funktionalen Differenzierung der Gesellschaft in Systeme und deren mediale Formen aus betrachtet, leuchtet die Zurücknahme des Widerspruchsproblems auf das Rechtssystem jedoch nicht ein; die „Immunlogik" der Kommunikation (SS 512) müsste sich vielmehr in allen ausdifferenzierten Teilsystemen der Gesellschaft als „unübersehbare Vielzahl von Anlässen" nachweisen lassen, „die zur Aktivierung des Potentials zu widerspruchsvoller Kommunikation führen können" (SS 513). Luhmann hebt das Thema deshalb an dieser Stelle auf die gesellschaftstheoretische Ebene.

Die äußerst knapp gehalten Einstiegsreflexionen hinsichtlich der Widerspruchsvarianten in den Medien Geld, Macht, Liebe und Wahrheit bleiben Andeutungen; sie leiten auch nur eine im engeren Sinne gesellschaftstheoretische Überlegung ein, die das Problem der Unsicherheits- bzw. Unbestimmtheitsamplifikation im Medium von Ereignissen wieder aufnimmt. Immerhin lautete die These ja, dass diese Ereignisse Evolutionschancen sind; und da die systemtheoretische Differenzierungstheorie eine Evolutionstheorie ist, müsste sich die Differenzierung der Gesellschaft als Geschichte aufeinander bezogener oder aufeinander beziehbarer Unsicherheitsamplifikationen erzählen lassen. Man müsste nur versuchen – es sei an Luhmanns Eingangsscherz über die dialektische Überschätzung des ‚Ordnungsgrades' von Widersprüchen erinnert –, in jedem dieser Ereignisse die Unbestimmtheit der Unterscheidung von Ordnung und Unordnung ernst zu nehmen; denn der ‚Ordnungsgrad' jedes Widerspruchs ist im Moment seines Auftretens nicht sicher von seinem Unordnungsgrad zu unterscheiden.

Die Amplifikation von Unbestimmtheit – jetzt bestimmt als „Steigerung der Sensibilität des Immunsystems" hinsichtlich der „Ermöglichung von Wahrscheinlichkeit des Unwahrscheinlichen" (SS 514) – diskutiert Luhmann in den drei bereits (vgl. Kap. 2) eingeführten Sinndimensionen. Widersprüche sind jetzt ganz einfach Formen steigerbarer „Störempfindlichkeit" (SS 525) in zeitlicher, sachlicher und sozialer Hinsicht.

In der *Zeitdimension* – die für die Frage nach der Möglichkeit einer aus Letztereignissen sich arrangierenden sozialen Ordnung vielleicht die interessanteste ist – geschieht das durch die „Spannung" zwischen „gegenwärtige[r] Zukunft" und „zukünftigen Gegenwarten" (SS 515). Soziale Ordnungen vertrauen sehr lange und sehr gelassen auf ihre Zukunft und entlasten ihre Gegenwart im Vertrauen auf ihre Handlungsspielräume von allem nervösen Druck. Aber „das Altwerden eines bestimmten Differenzierungstypus“ (SS 516) – und das wird die funktional differenzierte moderne Gesellschaft ebenso treffen, wie es zuvor die Ständegesellschaft getroffen hat – führt immer zur Bereitschaft, die gegebenen „Ordnungsleistungen“ (ebd.) zu verwetten und buchstäblich um den Untergang zu spielen (vgl. SS 517 Fußnote 40, zu Revolutionen). Die *Sachdimension* moduliert das Problem der Gegenwärtigkeit von Zukunft und Vergangenheit dagegen viel kühler über eine Kostenrechnung, die „Nutzenmaximierung mit Kostenminimierung“ kombiniert (SS 520); auf diese Weise werden Letztereignisse zu Zielen im Sinne immer neu ausrechenbarer Horizonte. Die *Sozialdimension* dieser Rechnung schließlich verlegt das Kosten- und Zielproblem in die ego/alter ego-Unterscheidung einander beobachtender Beobachter; auf diese dem Glücksspiel sehr nahe kommende Weise wird das Ziel zum Gegenstand einer nervösen Konkurrenz um das mögliche Ende.

10.7

Die weiteren Abschnitte übertragen die Frage nach der ‚selbstreferenzadäquaten‘ Logik konsequent auf die Ebene sozialer Systeme. Luhmann kommt zum Problem des ‚Mitmachens beim Negieren‘ zurück, das er eingangs als Holzweg ausgewiesen hatte.

Im Grunde ist das ein resignierter Entschluss. Luhmann notiert lapidar, dass sämtliche Logikversionen zwar theoretisch beeindrucken; sie „synthetisieren Widersprüche jedoch nur, um sie zu vermeiden [...] Soziale Systeme brauchen jedoch Widersprüche für ihr Immunsystem, für die Fortsetzung ihrer Selbstreproduktion unter heiklen Umständen“, und es sei fraglich, ob „soziale Systeme mit logischen Widersprüchen aus[kommen], wenn es darum geht, sich zu alarmieren“ (SS 526). „Das führt aber sogleich auf die Frage [...], was denn nach dem Alarm geschieht. Alarm braucht nicht gleich à l’arme zu bedeuten; aber man fragt sich: was sonst“ (SS 528).

Was sonst? Das war die Negationschance, die auch die Evolutionschance war! Jetzt markiert sie ein aus Erwartbarkeit gespeistes Desinteresse – und eine Warnung. Die Frage lautet, „was man mit Widersprüchen anfangen kann"; und das „führt uns zu Problemen einer Theorie des Konflikts" (SS 529).

10.8

Luhmann nimmt zunächst das Theorem der doppelten Kontingenz auf (vgl. Kap. 3) und erinnert an die Implikation von Kommunikation und Handlung (vgl. Kap. 4). Ein Konflikt liegt vor, wenn „zwei Kommunikationen vorliegen, die einander widersprechen"; die Pointe ist, dass aus geringfügigstem Anlass heraus nicht nur mit einer Ablehnung auf einen Vorschlag reagiert wird, sondern dass „ein kommuniziertes ‚Nein'" auf ein anderes ‚Nein' antwortet (SS 530).

Die These dieser aus einer „Negativversion von doppelter Kontingenz: Ich tue nicht, was Du möchtest, wenn Du nicht tust, was ich möchte" (SS 531) entworfenen Konflikttheorie lautet: Aus massenhaft vorkommenden „Bagatellen" (SS 534) können *in jedem einzelnen Fall* „hoch integrierte Sozialsysteme" entstehen, die alles, was in ihrer Nähe vorkommt, „unter dem Gesichtspunkt der negativen doppelten Kontingenz zusammen[ziehen]" – ganz gleich, „wie immer vage" die eine Seite gefragt oder „mit einem wie immer vorsichtigen Nein" die andere Seite auch geantwortet hat (SS 532). Es genügen geringfügigste Anlässe, um einen Konflikt zu zünden – aus Ereignissen, die zusammenhanglos auftauchen, können jederzeit Zusammenhänge werden, in denen jedes Ereignis am anderen klebt. Weil der Ungewissheitsgrad zusammenhangloser Ereignisse besonders hoch ist, gelingt das – wie wir gesehen haben – sogar besonders gut. Die Kommunikation versagt jedenfalls im Konfliktfall nicht, sondern ist vielmehr besonders erfolgreich: Alles, was sich ereignet, findet Anschluss. Der Konflikt verweist auf eine sich selbst bewaffnende, sich selbst notorisch bestätigende und verschärfende Weise auf sich selbst, völlig ignorant dem gegenüber, was sonst noch möglich gewesen wäre. Diese forcierte Art der Kommunikation ist genau das, was mit der Frage ‚à l'arme – was sonst' gemeint war. Es gibt *nichts sonst* mehr, wenn man einmal in die Nähe dieses „Integrationssog[s]" geraten ist (SS 532).

Das wird nicht heiterer dadurch, dass Luhmann von „einer natürlichen Tendenz zur Entropie, zur Erschlaffung, zur Auflösung" ausgeht, die daraus entsteht, dass die Belanglosigkeit des Anfangs durch jeden Anschluss wieder in Erinnerung gerät (SS 534). Der Konflikt produziert parallel zu seinem engagierenden ‚Integrationssog' auch eine sich selbst verstärkende Müdigkeit: „Man wird es leid" (SS 534). Heiter ist das deswegen nicht, weil auch dieses müde Leiden gesellschaftlich als neuerlicher Anlass genutzt werden kann. Jedes noch so beiläufige Lamento eignet sich dafür, *weil es kommuniziert wird*. Was individuell schal geworden ist, kann durch Politik, durch Recht, durch Wissenschaft und durch Wirtschaft („Kapital", SS 535) jederzeit als Veränderungsbedarf und -chance indiziert und also wieder scharf gemacht werden.

10.9

Die Möglichkeiten, die unter diesen Umständen bleiben, wenn auf Konfliktregulierung gehofft wird, schätzt Luhmann skeptisch ein. Er listet zusammenfassend vier Thesen zur Verknüpfung von Immunereignissen (1), zur Konditionierbarkeit von komplexen Ordnungen (2) und damit auch von Immunsystemen (3) sowie zur sachlichen, zeitlichen und sozialen Kontextualität aller Systembildungen (4) auf (vgl. SS 537f.) und erinnert daran, dass Konflikte nicht als ‚nett' (vgl. ebd.) eingeschätzt zu werden brauchen, um als Immunereignisse bzw. Immunsysteme ernst genommen werden zu können.

Anders gesagt: Nur deshalb, weil Konflikte einen Sog entwickeln, der alle beteiligten Beobachter in eine Abhängigkeit von der einen ekstatischen und zugleich schalen Identität bringt, die der Konflikt selbst bietet, heißt das noch nicht, dass nicht in sozialen Verhältnissen immer wieder Möglichkeiten aufkommen, die „Neinsagebereitschaften" (SS 536) erfordern. Die Regulierung von Konflikten hat deshalb nicht zwingend die Funktion, diesen Mut zur Negation zu entmutigen, sondern eröffnet den ansonsten verlorenen Beteiligten auch die Möglichkeit, den ‚Integrationssog' des Konflikts zu überleben; sie ermöglicht in diesem Sinne den Konflikt erst.

Luhmanns Vorschläge laufen aus zwei Optionen hinaus. Erstens bedarf es der Begrenzung der Mittel, die der Konflikt – sobald sie ihm verfügbar werden – unbegrenzt einsetzen würde; und es bedarf des intelligenten Einsatzes dieser Mittel, damit sie nicht einfach den Konflikt entmutigen, sondern nur dessen Eskalation. Erträglich sind Konflikte dann, wenn sie – die, wir haben es gesehen, als Letztereignisse immer auch Erstereignisse sind – die Möglichkeit weiterer Konflikte einschließen; denn dies schließt die Verschärfung der Sogwirkung des exklusiven einen Konflikts aus oder macht sie zumindest weniger unausweichlich. Darauf verweist auch die zweite Option. Zweitens also bedarf es der „Erhöhung der Unsicherheit" (SS 540), und damit kann nur die Nutzung jenes Moments gemeint sein, der zugleich einer der fatalsten des Konflikts ist, nämlich des Moments, da ein Dritter in den Sog des Konflikts gerät. Dieser Moment ist nie nur ein Fatum, sondern immer auch eine Chance, weil *in diesem Moment* „die Instabilität der Ausgangslage, des puren Widerspruchs [...] wiederhergestellt" ist (ebd.).

Beide Optionen drehen sich darum, Widersprüche als Letztereignisse ernst zu nehmen und mit ihrer Anschlusswahrscheinlichkeit zu rechnen (vielleicht auch erneut: um diese Wahrscheinlichkeit zu spielen). Luhmann spricht vom Versuch der ‚Konfliktkontrolle' (vgl. SS 542). Das versuchen soziale Bewegungen, denen der letzte Abschnitt gewidmet ist.

10.10

Zwei Varianten kommen infrage, um die konfliktbegründenden „Bagatellereignisse" mit Anschlusswert zu versehen: „ein eher traditionelles und ein eher modernes Verfahren", deren ersteres mit „relativ stabilen" und deren letzteres mit „relativ instabilen Konfliktbereitschaften" rechnet (SS 542): das Recht und soziale Bewegungen. Diese zweite Variante diskutiert Luhmann im letzten Abschnitt des Kapitels.

Die Ausgangsüberlegung lautet, dass beide Varianten auf einem Individualisierungseffekt fußen, der aus der Auflösung der ständischen Ordnungen und der häuslichen Ökonomien resultiert. Die Schutzfunktion, die Luhmann zuvor dem Widerspruch selbst als Immunereignis im Kontext autopoietischer Systeme zugesprochen hatte, taucht hier als rechtlicher Schutz individueller Freiheit auf (vgl. SS 543). Das daraus zuvor entwickelte Argument der Amplifizierbarkeit von Unbestimmtheit taucht diesmal als „Fluktuieren" (SS 545) von Engagements auf. Getragen werden beide Wiederaufnahmen von einer eher implizit als explizit mitgeführten These, die ungefähr lauten müsste: Eine letzte, nicht zu vernachlässigende, nämlich evolutionär hochgradig erfolgreiche Form jener elementar unbestimmten, widersprüchlichen Letztereignisse, deren Vernetzung das Immunsystem der Gesellschaft bildet, sind Individuen.

Luhmann bestimmt das Individualisierungsproblem präzise entlang der zuvor allgemeiner und spezifischer (nämlich auf kommunikative Selbstreferenz bezogen) getroffenen Festlegungen als „Zusammenhang dreier Variablen" (SS 543): Die „Lockerung der internen Bindungen" einer Ordnung referiert auf die Umstellung von Stabilität bzw. Bestimmtheit auf Instabilität bzw. Unbestimmtheit (und damit auf die Verlagerung der Ordnungsleistung von der Spitze einer Hierarchie auf jedes elementare Ereignis; diese Verlagerung wertet das Individuum zum potentiell wichtigen Bestandteil auf, wertet es aber zugleich zur möglichen Bagatelle ab; vgl. SS 544). Die „Spezifikation der Beiträge" referiert auf die funktionale Zuspitzung der Unterscheidungen, denen Anschlusschancen zugestanden werden (womit die Bereitschaft zu handeln, zu entscheiden und zur ‚Wette auf das Ende' bzw. die Erreichbarkeit eines Ziels einhergeht; eine Bereitschaft, die vom Individuum jetzt normativ erwartet wird; ebd., vgl. SS 547). Und „zufällig beginnende und sich selbst verstärkende Effektkumulation" (SS 544) referiert auf die Amplifikation von elementar unbestimmten Ereignissen zu sich selbst fortsetzenden Systemen – zu sozialen Bewegungen.

11

Christine Weinbach

Interaktion und Gesellschaft (10. Kapitel)

11.1 Zur Differenz einer allgemeinen Theorie sozialer Systeme

Niklas Luhmanns Buch *Soziale Systeme* verweist bereits im Untertitel auf das Ziel der Schrift: Erstellt werden soll der *Grundriß einer allgemeinen Theorie*. Nicht die theoretische Durchdringung einer bestimmten – z. B. segmentären, stratifizierten oder gar funktional differenzierten – Gesellschaft interessiert ihn hier, sondern die Entwicklung einer systemtheoretischen Terminologie, welche die Analyse *aller* Formen von Gesellschaft ermöglicht. Vor diesem Hintergrund ist die Differenz von Interaktion und Gesellschaft relevant, denn: „Jedes Sozialsystem ist ... durch die Nichtidentität von Gesellschaft und Interaktion mitbestimmt" (SS 552).

Die Systematik, wie sie auf Buchseite 16 von *Soziale System* abgebildet ist, mag daher irritieren, unterteilt Luhmann soziale Systeme dort doch in die *drei* Systemtypen Interaktion, Organisation und Gesellschaft. Diese Unterteilung verweist auf einen Strang der Systemtheorie, der als *Theorie der Ebenendifferenzierung* (dazu Luhmann 1975) bezeichnet wird und ausdrücklich im Zusammenhang mit der *Theorie gesellschaftlicher Differenzierung* steht: Während die Theorie der Ebenendifferenzierung die Differenzierung und Verschränkung der Systemtypen Interaktion, Organisation und Gesellschaft behandelt, befasst sich die Theorie gesellschaftlicher Differenzierung mit gesellschaftlichen Differenzierungsformen wie der stratifizierten Gesellschaftsform oder der funktional differenzierten Gesellschaftsform, sowie deren Teilsystemen. Dabei wird angenommen, dass die primäre Differenzierungsform einer Gesellschaft und ihre Ebenendifferenzierung in einem Verhältnis der Co-Evolution stehen (Tyrell 2006, 296). So kennen alle Gesellschaftsformen die Unterscheidung von Interaktion und Gesellschaft, doch schiebt sich mit der gesellschaftlichen Umstellung auf funktionale Gesellschaftsdifferenzierung der Systemtyp Organisation zwischen diese beiden Sozialsystemebenen. Die heutige, funktional differenzierte Gesellschaft ist somit einerseits in verschiedene gesellschaftliche Funktionssystemen differenziert und anderseits „flächendeckend von Organisationen durchzogen" (Drepper 2003, 14f.): „Anders als im Falle von Interaktion handelt es sich bei Organisationen nicht um ein Universalphänomen jeder Gesellschaft, sondern um eine evolutionäre Errungenschaft, die ein relativ hohes Entwicklungsniveau voraussetzt" (GG 827).

11.2 Gesellschaft

Die Definition ist so simpel wie abstrakt: „Gesellschaft ist ... das umfassende Sozialsystem, das alles Soziale in sich einschließt und infolgedessen keine soziale Umwelt kennt" (SS 555). Gesellschaft ist somit überall, wo *Kommunikation* stattfindet. Diese Gesellschaftsdefinition ist bemerkenswert, weil sie keinerlei Bezug auf eine bestimmte Gesellschaftsordnung oder gesellschaftliche Solidarität enthält. In der Soziologie war es bis vor kurzem dagegen üblich, mit dem Gesellschaftsbegriff die Nationalgesellschaft zu bezeichnen und entsprechend zwischen verschiedenen Nationalgesellschaften wie z. B. der deutschen, der spanischen oder australischen Gesellschaft zu unterscheiden (kritisch auch Beck/ Grande 2010). Wenn Luhmann Gesellschaft dagegen lediglich als Gesamtheit laufender Kommunikation bezeichnet, steckt darin „ein tiefreichender Bruch mit der Tradition. Es kommt dann weder auf Ziele noch auf gute Gesinnungen, weder auf Kooperation noch auf Streit, weder auf Konsens noch auch Dissens, weder auf Annahme noch auf Ablehnung des zugemuteten Sinnes an" (GG 90). Der Gesellschaftsbegriff Luhmanns „ist daher nur in der Hinsicht ‚bestimmt', als er Kommunikation von allem zu unterscheiden erlaubt, was nicht Kommunikation ist, von Leben zum Beispiel oder von Bewusstsein" (Baecker 2000, 211).

Im Blick zu behalten ist allerdings, dass dieser Gesellschaftsbegriff Luhmanns ein historisch gewordener ist. Dieser Tatbestand wird von Luhmann explizit reflektiert. Die heutige, *funktional differenzierte* Gesellschaft ist ihm zufolge nämlich *Weltgesellschaft*, weil Kommunikationsschranken nur noch nach gesellschaftseigenen Regeln aufgestellt werden: „Man kann nicht sagen, dass am Brenner die Wissenschaft, die Familienbildung, die Religion, die Wirtschaft, die Politik, das Recht und so weiter enden und hinter dem Brenner in all diesen Hinsichten etwas anderes beginnt. [...] Es gibt Gründe, die mit der Funktion zusammenhängen, weshalb die Politik oder das Recht auf lokale Grenzen Wert legen" (ETG 68). Andere gesellschaftliche Differenzierungsformen wie frühe segmentäre Gesellschaften oder stratifizierte Gesellschaften dagegen waren letztlich, mehr oder weniger, regional begrenzt.

Doch ganz gleich, welche gesellschaftliche Differenzierungsform in den Blick rückt: Immer findet man dort die Unterscheidung von Gesellschaft und Interaktion.

11.3 Gesellschaft und Interaktion

Jede (einfache) Gesellschaft ist *intern* (mindestens) in Interaktionssysteme *differenziert*. Das bedeutet nicht, dass sie sich, wie ein aufgeschnittener Kuchen, aus Interaktionssystemen zusammensetzte. Die Sache ist verzwickter, ist *paradox*: Eine intern in Interaktionssysteme differenzierte Gesellschaft besteht *zugleich* aus sich selbst und aus verschiedenen Interaktionssystemen – je nach Perspektive. Perspektiven gibt es (mindestens) zwei: Die eine Perspektive ergibt sich vom Standpunkt der Gesellschaftsebene, die andere vom Standpunkt der Interaktionsebene her. Beide Sozialsystemebenen lassen sich jedoch erst im Zuge der soziokulturellen Evolution trennscharf unterscheiden. Erst dann nämlich *verschärft* sich die *Differenz* von Interaktion und Gesellschaft soweit, dass die Gesellschaftsebene gegenüber der Interaktionsebene deutlich hervortritt. Dabei macht sich die Gesellschaft zunehmend unabhängig vom einzelnen Interaktionssystem, indem sie Interaktion übergreifende soziale Ordnungsmuster erzeugt und auf diese Weise zunehmend an „Abstraktionsfähigkeit" gewinnt (SS 573f.). So kommt es zur Ausbildung gesellschaftlicher Subsysteme (z. B. Strata oder Funktionssysteme), die den Interaktionen ihre Regeln aufzwingen

(SS 574); denken wir nur an abstrakte Bezugspunkte einer jeden ‚modernen' Interaktion wie Personen, Rollen, Programme und Werte, die interaktive Verhaltenserwartungen ordnen (SS 575; 430ff.). Schließlich verselbständigt sich die Gesellschaft gegenüber ihren Interaktionen soweit, dass interaktiv sogar Negationen riskiert werden können, ohne den Gesellschaftsbestand zu gefährden (SS 575). Soziokulturelle Evolution findet also als Veränderung von Erwartungsstrukturen auf der Gesellschaftsebene statt und sie treibt die Verschärfung der Differenz von Interaktion und Gesellschaft weiter voran. Die Eigenständigkeit der Interaktionssysteme gegenüber Gesellschaft spielt bei dieser Evolution von Erwartungsstrukturen eine wichtige Rolle, weil ohne dieses „riesige Versuchsfeld der Interaktionen und ohne die gesellschaftliche Belanglosigkeit des Aufhörens in den allermeisten Interaktionen ... keine gesellschaftliche Evolution möglich" wäre (SS 575). Anders ausgedrückt: „Anspruchsvolle Formen der gesellschaftlichen Differenzierung [...] könnten nie entstehen, wenn die Gesellschaft sich nicht auf die Fähigkeit der Interaktion verlassen könnte, sich weitgehend selbst zu ordnen" (SS 576).

11.4 Interaktion vollzieht Gesellschaft

Wenn die beiden Sozialsystemebenen Gesellschaft und Interaktion deutlich voneinander unterschieden werden können, bedeutet dies *nicht*, „daß die Gesellschaft aus abstrakten, die Interaktion dagegen aus konkreten Operationen (Kommunikationen, Handlungen) bestehe" (SS 574). Vielmehr *vollziehen* Interaktionen Gesellschaft, wenn sie die abstrakten gesellschaftlich vorrätigen Verhaltens- und Zurechnungsmuster als Strukturvorgaben aufgreifen und verwenden; sie tun dies allerdings auf der Grundlage ihrer *eigenen* Selbstselektions- und Grenzziehungsprinzipien.

Jeder Sozialsystemtyp, ganz gleich ob Interaktion, Organisation oder Gesellschaft, verfügt über spezifische Selbstselektions- und Grenzziehungsprinzipien, mit denen er sich gegenüber andersartiger Kommunikation abgrenzt. Selbstselektions- und Grenzziehungsprinzipien des Gesellschaftssystems sind *Erreichbarkeit und Verständlichkeit*, bei Organisationssystemen ist dies *Mitgliedschaft* (SA2 12), bei Interaktionssystemen dagegen *Anwesenheit* (SA2 10). Erst entlang dieser unterschiedlichen Prinzipien der Selbstselektion und

Grenzziehung heben sich die drei unterschiedlichen Typen von Sozialsystemen, bestehend aus aufeinander bezogenen und miteinander verknüpften spezifischen Handlungen, aus ihrer Umwelt heraus.

Wenn Interaktionssysteme Gesellschaft *vollziehen*, dann tun sie dies also stets auf der Grundlage von *Anwesenheit* als ihrem Selbstselektions- und Grenzziehungsprinzip. *Anwesenheit* entsteht immer dann, wenn durch Bewusstseinssysteme in einer Situation *doppelter Kontingenz* (dazu Kapitel 3 dieses Bandes) „wahrgenommen wird, daß wahrgenommen wird" (SS 560). Als anwesend gelten somit nicht einfach ‚vorhandene' Individuen, sondern lediglich solche Personen, die füreinander als Adressaten von Mitteilungen fungieren: Ein Tischgespräch im gut besuchten Restaurant beschränkt sich auf diejenigen, die miteinander interagieren. Durch *Anwesenheit* grenzt sich die Interaktion also von anderer Kommunikation ab, wozu sie alles das einschließt, „was als *anwesend* behandelt werden kann" (SS 560).

Anwesenheit entsteht durch die wechselseitige Wahrnehmung von Individuen. Dabei werden gesellschaftlich bereitgestellte kognitive Muster (GG 1106) aktiviert, wie der sozialisierte Körper der Beteiligten und seine Darstellung entlang von abstrakten Bezugspunkten wie Person und Rolle (SA 6), sowie der Ort der Begegnung und seine ‚Möblierung' aufgrund ihrer gesellschaftlichen Bedeutung (Schroer 2006: 176). Das Resultat ist soziale Komplexität bzw. ein Horizont an kommunikativen Anschlussmöglichkeiten, den Luhmann als die *interne Umwelt*[1] des Interaktionssystems bezeichnet und der potentielle Anknüpfungspunkte für eine Interaktionskommunikation bereithält.

Neben solchen gesellschaftlich vorrätig gehaltenen kognitiven Mustern existieren weitere gesellschaftliche Strukturvorgaben, die das Verhältnis der Interaktion zu ‚ihren' Personen und Themen betreffen, und sich im Laufe der soziokulturellen Evolution verändern. Das liegt vor allem daran, dass die Interaktion mit ihrer verstärkten Differenzierung gegenüber Gesellschaft in der *Zeitdimension* ein von der Gesellschaft relativ unabhängiges Selbstverständnis als „gesellschaftliche Episode" (SS 567) entwickelt. Denn nun muss die Interaktion stärker als zuvor berücksichtigen, dass ihre Teilnehmer/innen außerhalb der Interaktion „andersartigen Erwartungen ausgesetzt" sind, und dass „jeder [...] Verständnis dafür aufbringen [muß; CW], daß es jedem so geht" (SS 569); damit

1 Dazu mehr im nächsten Abschnitt.

tritt die *Sozialdimension* der Interaktion hervor. In der *Sachdimension* wird die vertiefte Differenz zwischen Interaktion und Gesellschaft durch die größere Wählbarkeit von Themen reflektiert.

Wenn Interaktionssysteme Gesellschaft vollziehen, geschieht dies in der funktional differenzierten Gesellschaft also stets im Rahmen einer Form von *Anwesenheit*, die ein hohes Maß an *Kontingenz* einschließt: Interaktionssysteme waren noch nie so beweglich und frei in der Wahl ihrer Themen und ihrer Personenzusammensetzung[2] und zugleich so eingeschränkt im Zugriff auf ihre Personen.[3]

11.5 Interaktion vollzieht Gesellschaft nach eigenen Regeln: Ein Beispiel

Jedes Interaktionssystem muss die soziale Komplexität seiner *internen Umwelt* reduzieren, indem es mithilfe kognitiver Muster an für alle Anwesenden wahrnehmbare Identitäten (Personen im spezifischen Rollen, Gegenstände etc.) implizit oder explizit aufgreift und an sie mithilfe nahe liegender Themen anschließt. Dies tut jedes Interaktionssystem nach *eigenen* Regeln, die ganz wesentlich aus seiner geringen Komplexitätsverarbeitungskapazität abgeleitet sind: „Die relevanten Ereignisse müssen sequenziert werden [in der Zeitdimension; CW]; sie müssen durch Sachthemen strukturiert werden [in der Sachdimension; CW]; es dürfen nicht alle Anwesenden zugleich reden, sondern als Regel nur einer auf einmal [in der Sozialdimension; CW] „ (SS 564). Wenn ein Interaktionssystem *Gesellschaft vollzieht*, dann können die gesellschaftlichen Strukturvorgaben, die es aufgreift, also immer nur *nacheinander* kommuniziert werden, die notwendige Transformation dieser Strukturvorgaben in spezifische *Themen* erzwingt dann nicht-beliebige Anschlussmöglichkeiten, und die Anwesenden müssen sich in ihren Beiträgen darein fügen und daher kann *immer nur einer auf einmal* reden.

Dieser interaktive Gesellschaftsvollzug soll nun am Beispiel einer Situation, die in einem Artikel der Süddeutschen Zeitung beschrieben wird, näher

2 Diese Beweglichkeit bildet die Bedingung der Möglichkeit der Ausbildung formaler Organisationssysteme *und* wird zugleich durch diese Organisationssysteme eingeschränkt.

3 Weshalb Organisationen Mitgliedschaftsbedingungen, und damit Personenverhalten, festlegen.

verdeutlicht und zugleich etwas weiter ausgeführt werden: „Stellen Sie sich einen Besprechungsraum vor mit zehn männlichen Abteilungsleitern, alle zwischen 40 und 60 Jahren. Es ist das erste Mal, dass eine junge Frau, ebenfalls Abteilungsleiterin, dabei ist. Elf Personen, zehn Stühle. Die Frau kommt als Letzte, weil man ihr einen falschen Raum genannt hat. Sie kommt rein, es ist kein Stuhl mehr frei, und dann sagt einer der Männer: Wenn Sie wollen, können Sie sich auf meinen Schoß setzen".[4] Geschlechtszugehörigkeit, Alter und gleicher formaler Organisationsstatus der neuen Kollegin sowie der alteingesessenen Abteilungsleiter (Sozialdimension), ihr Zuspätkommen (Zeitdimension) in einen bereits besetzten Konferenzraum, in dem es für sie keinen Stuhl mehr gibt (Sachdimension), sind für alle Anwesenden wahrnehmbar und für sie ist auch wahrnehmbar, dass die anderen Anwesenden dies wahrnehmen. Damit entsteht soziale Komplexität, d. h. ein Horizont möglicher Verhaltens- und Zurechnungsmuster, der Luhmann zufolge als „interne Umwelt" der Interaktion fungiert, „durch die der Betrieb der Kommunikation ermöglicht, genährt und gegebenenfalls korrigiert wird" (SS 563). Einer der männlichen Abteilungsleiter adressiert auf dieser Komplexitätsgrundlage eine mitgeteilte Information an die deutlich jüngere Kollegin und knüpft dabei an ihre Geschlechtszugehörigkeit und ihr Alter an: Er wählt ein *gesellschaftlich vorrätiges* Verhaltens- und Zurechnungsmuster, wonach Männer und Frauen auf der Grundlage geschlechtlicher Arbeitsteilung unterschiedliche Zugangschancen zu gesellschaftlichen Ressourcen wie Organisationsmacht und Geld besitzen, weshalb beispielsweise mächtige Männer über junge Frauen als Sexualobjekte verfügen könnten.[5] Der männliche Kollege knüpft *nicht* an ihren *gleichrangigen* Organisationsstatus als Abteilungsleiterin an, den sie durch ihre *Organisationsmitgliedschaft* besitzt; auch bei diesem formalen Mitgliedschaftsstatus handelt es sich um eine interaktionsexterne Strukturvorgabe, die diesmal der Sozialsystemebene *Organisation* entstammt. Die Brisanz der Interaktion im Konferenzraum speist sich nun genau daraus, wie durch sie Gesellschaft vollzogen wird: Im interaktiven Bezug auf Strukturvorgaben aus zwei unterschiedlichen Sozialsystemebenen – einer-

4 „Arroganztraining für Frauen. Schluss mit freundlich", vom 29.4.2012, Rubrik „Karriere".

5 Vgl. zur Institutionalisiertheit dieses Verhaltens- und Zurechnungsmusters die weit verbreitete Praxis von durch Firmen organisierte Bordell-Besuche oder ‚Sex-Partys' als Bonus-Zahlung an erfolgreiche männliche Führungskräfte am jüngeren Beispiel des Skandals um die ERGO-Versicherung; z. B. Bild-Zeitung vom 20.5.2011.

seits Gesellschaft, andererseits Organisation – die einander widersprechende Bedeutungen besitzen (können), und vom männlichen Kollegen mit dem Ziel der allgemeinen Belustigung einseitig aufgegriffen werden. Bei Luhmann heißt es zum Verhältnis von Interaktionssystemen zu Strukturvorgaben aus höheren Sozialsystemebenen: „Bei einem solchen Aufbau sind die jeweils umfassenderen Systeme für die eingeordneten Systeme in *doppelter* Weise relevant: Sie geben ihnen bestimmte strukturelle Prämissen vor, auf Grund deren ein selbstselektiver Prozeß anlaufen kann und in seinen Möglichkeiten begrenzt wird" (SA2 19). Dass in diesem „*doppelten* Zugriff" auf gesellschaftliche und organisationale Strukturvorgaben einerseits und dem selbstselektiven Interaktionsprozess anhand *eigener* Interaktionsregeln andererseits „die *Bedingung der Freiheit* für Systementwicklungen" (SA2 19) liegt, wird in unserem Beispiel daran deutlich, dass eine anwesende Person (Sozialdimension) einen für alle Anwesenden wahrnehmbaren Sachverhalt (Sachdimension) aufgreift, mit einer mitgeteilten Information („Wenn Sie wollen, können Sie sich auf meinen Schoß setzen.") an ihn anknüpft, und damit dafür sorgt, dass sich alle Aufmerksamkeit auf die junge Kollegin richtet (Zeitdimension): Die junge Kollegin (Sozialdimension) ist als nächste ‚dran' (Zeitdimension) und ihre Mitteilungsmöglichkeiten sind durch das aktualisierte Thema (Sachdimension) determiniert. Luhmann schreibt in diesem Sinne: „Wenn Alter wahrnimmt, daß er wahrgenommen wird und daß auch sein Wahrnehmen des Wahrgenommenwerdens wahrgenommen wird, muß er davon ausgehen, daß sein Verhalten als darauf eingestellt interpretiert wird; es wird dann, ob ihm das passt oder nicht, als Kommunikation aufgefasst, und das zwingt ihn fast unausweichlich dazu, es auch als Kommunikation zu kontrollieren" (SS 561f.). Wie antwortet die neue Kollegin im skizzierten Fall? Hierzu heißt es im zitierten Artikel der Süddeutschen Zeitung:[6] „Die Frau ... ging langsam auf den Typ zu, legte ihm beherzt die Hand auf die Schulter und sagte laut: Dafür sind Sie viel zu alt!" Wie reagierten die anwesenden Männer? „Es gab ein großes Gelächter, und von da an hatte sie keine Probleme mehr mit den Kollegen".

6 „Arroganztraining für Frauen. Schluss mit freundlich", vom 29.4.2012, Rubrik „Karriere".

11.6 Keine Interaktion ohne Gesellschaft – keine Gesellschaft ohne Interaktion

Ganz gleich, durch Bezug auf welche gesellschaftlich vorrätigen Strukturvorgaben ein Interaktionssystem Gesellschaft vollzieht: immer geschieht dies nach Maßgabe seiner eigenen zeitlich, sachlich und sozial strukturierten Regeln. Der Differenz von Wahrnehmung und Interaktionskommunikation kommt dabei eine besondere Stellung zu. Zum einen erzeugt wechselseitige Wahrnehmung *Anwesenheit*, und damit die Bedingung der Möglichkeit von Interaktionskommunikation überhaupt. Zum anderen bleibt das, was als anwesend gilt, in der laufenden Kommunikation latent vorhanden bzw. verschiebt sich mit ihr, so dass ein komplizierter „Doppelprozeß von Wahrnehmung und Kommunikation" entsteht, innerhalb dem „die Lasten und Probleme" im Umgang mit sozialer Komplexität „teils auf dem einen [Wahrnehmung; CW], teils auf dem anderen [mitgeteilte Informationen; CW] Vorgang liegen und laufend umverteilt werden je nachdem, wie die Situation aufgefaßt wird und wohin die ablaufende Systemgeschichte die Aufmerksamkeit der Beteiligten lenkt" (SS 563).

Aufgrund dieser Eigenlogik des Interaktionssystems unterscheidet es sich von der Sozialsystemebene Gesellschaft als ein *autonomes* Sozialsystem, das Gesellschaft nach Maßgabe seiner eigenen Regeln vollzieht, ohne Gesellschaft jedoch nicht existieren könnte. Vielleicht ist es ja das daraus resultierende *subversive Potential der Interaktion* gegenüber der Gesellschaft, das die so genannte *Interpretative Soziologie* motiviert hat, weitgehend auf einen ausbuchstabierten Gesellschaftsbegriff und die Beschäftigung mit Gesellschaftstheorie zu verzichten und ihr Augenmerk auf die (interaktiv) handelnden Individuen zu konzentrieren. Sie hat sich damit, vor allem in den 1960er und 70er Jahren, erfolgreich gegen einen bis dato wichtigen Soziologen, den Systemtheoretiker Talcott Parsons, abgegrenzt, für den die Übereinstimmung der Individuen mit den gesellschaftlichen Normen und Werten der Dreh und Angelpunkt sozialer Integration dargestellte. Die Vertreter der Interpretativen Soziologie warfen Parsons vor, „seine Rede von Normen und Werten, auf die das Handeln immer bezogen ist, sei unterkomplex" (Joas/Knöbl 2004, 183). Damit wurde keineswegs die Relevanz gesellschaftlicher Normen und Werten bestritten: „Ganz im Gegenteil! Was Parsons aber übersehen habe, sei die Tatsache, daß Normen und Werte für den Handelnden nicht einfach abstrakt existieren und unproblematisch in Handeln umgesetzt werden können. Vielmehr sei es so, daß Normen und Werte in der konkreten Handlungssituation erst spezifiziert und damit *interpretiert* werden müßten" (Joas/Knöbl 2004: 183). Die Interpretative Soziologie machte damit „auf zentrale Defizite der Parson'schen Handlungskonzeption aufmerksam, nämlich auf ihre Fixierung auf die Norm- und Funktionskonformität von sozialen Handlungen und von Sozialisationsprozessen" (Kaufmann 2010: 53). Dennoch gelang es ihrem „system- und strukturfernen Denken ... nicht, eine angemessene Gesellschaftstheorie zu entwickeln" (Kaufmann 2010: 53). Eine verbreitete Kritik wirft dem interpretativen Ansatz daher vor, eine *Soziologie ohne Gesellschaft* zu sein. In Luhmanns Systemtheorie dagegen kommen beide, sowohl Gesellschaft als auch Interaktion, als gegeneinander differenzierte, eigenständige Sozialsystemtypen zu ihrem Recht, obwohl sie paradoxerweise beide Gesellschaft (Kommunikation) sind.

Literatur

Baecker, Dirk: Eine bestimmt unbestimmte Gesellschaft, in: Ethik und Sozialwissenschaften: Streitform für Erwägungskultur 11 (2000), S. 209–212.

Beck, Ulrich/Grande, Edgar: Jenseits des methodologischen Nationalismus. Außereuropäische und europäische Variationen der Zweiten Moderne, in: Soziale Welt 61 (2010), S. 187–216.

Drepper, Thomas: Organisation der Gesellschaft. Gesellschaft und Organisation in der Systemtheorie Niklas Luhmanns, Wiesbaden: Westdeutscher Verlag 2003

Kieserling, André: Interaktion unter Anwesenden. Studien über Interaktionssysteme, Frankfurt/M.: Suhrkamp 1999

Joas, Hans/Knöbl, Wolfgang: Sozialtheorie. Zwanzig einführende Vorlesungen, Frankfurt/M.: Suhrkamp 2004

Kaufmann, Stefan: Handlungstheorie, in: Gertenbach/Kahlert/Kaufmann/Rosa/Weinbach. Soziologische Theorien, hrsg. von Nina Degele, Christian Dries, Dominique Schirmer, Paderborn: Wilhelm Fink GmbH & Co. Verlags-KG 2009, S. 13–87.

Luhmann, Niklas: Interaktion, Organisation, Gesellschaft, in: ders., Soziologische Aufklärung 2. Aufsätze zur Theorie der Gesellschaft, Opladen: Westdeutsche Gesellschaft 1975, S. 9–20.

– : Die Unterscheidung von Staat und Gesellschaft, in: ders., Soziologische Aufklärung 4. Beiträge zur funktionalen Differenzierung der Gesellschaft, Opladen: Westdeutscher Verlag 1994, S. 67–73.

– : Die Form „Person", in: ders., Soziologische Aufklärung 6. Die Soziologie und der Mensch, Opladen: Westdeutscher Verlag 1995, S. 142–154.

– : Die Gesellschaft der Gesellschaft, Frankfurt/M.: Suhrkamp 1997

– : Einführung in die Theorie der Gesellschaft, hrsg. von Dirk Baecker, Heidelberg: Carl-Auer Verlag 2005

Schroer, Markus: Räume, Orte, Grenzen. Auf dem Weg zu einer Soziologie des Raums, Frankfurt/M.: Suhrkamp 2006

Tyrell, Hartmann: Zweierlei Differenzierung: Funktionale und Ebenendifferenzierung im Frühwerk Niklas Luhmanns, in: Soziale Systeme. Zeitschrift für soziologische Theorie, 12. Jg., Heft 2 (2006), S. 294–310.

12

Cornelia Bohn und Martin Petzke

Selbstreferenz und Rationalität (11. Kapitel)

12.1

Das Kapitel „Selbstreferenz und Rationalität" macht ein Problem der Darstellung von Theoriearbeit deutlich. Eigentlich ist Selbstreferenz einer der Grundbegriffe und der grundlegenden Sachverhalte für die in der Einleitung des Buches konstatierten Paradigmenwechsel in der Systemtheorie (SS 24ff.). Und dennoch wird die genaue Ausführung einer soziologischen Theorie der Selbstreferenz fast am Ende dieses Grundrisses einer Theorie sozialer Systeme platziert. Luhmann hat immer wieder die unumgängliche Notwendigkeit linearer Darstellung von Theoriearbeit problematisiert. Die Theorie habe „einen Komplexitätsgrad erreicht, der sich nicht mehr linearisieren lässt" und daher habe er gar nicht erst versucht „Theorieform und Darstellungsform in Einklang zu bringen" (SS 14). Der rekursive Theorieaufbau setzt sich sozusagen auch gegen die lineare Darstellungsform durch. Denn der Entfaltung einer soziologischen Theorie der Selbstreferenz liegt zwar die im Sinnkapitel entwickelte Verallgemeinerung des Sinnbegriffes zugrunde, jene beruht aber zugleich auf einer Theorie der Selbstreferenz (SS Kap. 2). Im Kern geht es darum, Sinn nicht für bloße Bewusstseinsvorgänge zu reservieren, sondern zugleich für soziale Operationen verfügbar zu machen. Danach bedarf die Analyse von Operationen im Sinnmedium wie Beobachtungen oder Kommunikationen keineswegs eines Subjektbegriffs noch sind diese Operationen ausschließlich als

Leistungen des Bewusstseins zu beschreiben. Psychische und soziale Systeme werden hier vielmehr als je besondere Instanzen eines sinnverarbeitenden Systems verstanden, die sich unabhängig voneinander analysieren lassen, obgleich sie sich wechselseitig voraussetzen. Auch die Frage der Selbstbezüglichkeit kann so von ihrem klassischen Standort im menschlichen Bewusstsein oder Subjekt gelöst und auf soziale Systeme bezogen werden. Das Problem der Nichtreduzierbarkeit des Sozialen auf das Bewusstsein wurde eingeführt, um die Operation der Kommunikation als genuin soziale zu erläutern (SS Kap. 4). Die Einsicht der Unreduzierbarkeit des Sozialen wird im Selbstreferenzkapitel wieder aufgenommen. Sie ist, so Luhmann, „nichts anderes als die Erfahrung der Selbstreferenz des Sozialen" (SS 594).

Eines der wichtigsten Themen in soziologischer und interdisziplinärer Forschung zur Zeit der Entstehung des Buches war die Überwindung der Strukturlastigkeit soziologischer Theorie. Luhmanns Antwort auf dieses Problem besteht in der radikalen Temporalisierung der Theorie, die nicht ohne Konsequenzen für eine Sozialtheorie der Selbstreferenz bleibt. Wenn Ereignisse, wie in Kap. 8 ausgeführt, als temporalisierte Letztelemente sozialer Systeme fungieren, stellt sich das Problem, wie diese Systeme trotz des Dauerzerfalls ihrer Elemente Kontakt mit sich selbst halten, indem sie simultan auf sich selbst und auf anderes Bezug nehmen. Selbstbezüglichkeit ist keineswegs ein erst in der neueren Systemtheorie entdecktes Phänomen. Es gibt eine reiche Semantik des Selbstbezugs (das Denken des Denkens, die in sich selbst begründete Vernunft, die Selbstliebe, das Lieben der Liebe) auf die Luhmann verweist, es gibt traditionelle Analytiken der Selbstbezüglichkeit (Phänomenologie, Subjekt- und Transzendentalphilosophie), von denen er sich abgrenzt; schließlich ist das Problem der Selbstreferenz ein tradiertes Problem der Logik.[1]

Was also ist neu an Luhmanns Erörterung des Problems der Selbstreferenz und was genau ist damit gemeint? Luhmann nimmt gegenüber der Tradition und gegenüber der „klassischen" Systemtheorie zwei entscheidende theoretische Umbauten vor. Neu ist, dass auch soziale Systeme als Selbste fungieren – eine Pluralisierung der Selbste also; neu ist außerdem die Übertragung des Problems der Selbstbezüglichkeit auf die Ebene der Konstitution von Elementen. Der Begriff Selbstreferenz, so Luhmann, „bezeichnet die Einheit, die ein Element, ein

1 Die berühmte Aussage eines Kreters: „Alle Kreter lügen", führt zur logischen Unentscheidbarkeit.

Prozess, ein System für sich selbst ist. [...] Der Begriff definiert nicht nur, er enthält auch eine Sachaussage, denn er behauptet, dass Einheit nur durch eine relationierende Operation zustande kommen kann; dass sie also zustande gebracht werden muss und nicht als Individuum, als Substanz, als Idee der eigenen Operation immer im voraus schon da ist." (SS 58)

Das Hauptanliegen des Kapitels besteht dann auch darin, die verschiedenen Arten von Selbstreferenz zu identifizieren und genauer darzustellen, „die in sozialen Systemen nebeneinander vorkommen können" (SS 596). Das bezieht auch die Erörterung des Problems der Untrennbarkeit von Selbstreferenz und Fremdreferenz ein; denn Selbstreferenz kann immer nur mitlaufende Selbstreferenz sein. An die Erörterung der selbstbezüglichen Form der Reflexion schließt Luhmann die Überlegung an, „ob man über Rationalität anders denken müsse als bisher" (SS 638). Die Frage ob auch Artefakte als selbstreferentielle Entitäten beobachtbar sind – wie es die Second-Order-Cybernetics annimmt – wird mit offenem Ausgang gestellt.[2] Auffällig ist, dass das Kapitel erstaunlich oft auf gesellschaftstheoretische Analysen vorgreift; insofern fügt es sich zwar in den Gesamtaufbau des Buches ein, springt aber aus der theoriepuristischen Logik des Grundrisses einer allgemeinen Theorie heraus, indem es die soziologische Fruchtbarkeit des Konzepts selbstreferentieller Systeme mitdemonstriert.

12.2

Von Selbstreferenz, in der von Luhmann eingeführten unterscheidungstheoretischen Variante, ist immer dann die Rede, wenn die Operation der Referenz auf der Grundlage einer Unterscheidung etwas bezeichnet, mit dem sie sich selbst identifiziert. Selbstreferentielle Operationen bezeichnen also immer etwas, dem sie selbst zugehören. Identifikation und Zuordnung der Selbstreferenz zu einem Selbst hängen davon ab, von welcher Unterscheidung das jeweilige Selbst bestimmt wird. Wir hatten festgehalten, dass die von Luhmann identifizierten Selbste Element, Prozess und System sind, die dazugehörigen Formen der Referenz sind basale Selbstreferenz, Reflexivität und Reflexion. Während der basalen Selbstreferenz die Unterscheidung von Element/Relation zugrunde liegt, entstehen und beobachten sich Prozesse mit Hilfe der Vorher/Nachher-Differenz, die

2 Zur Reflexivität von Bildern vgl. Schubbach (2010).

Reflexion beruht auf der System/Umwelt-Differenz. Die drei Selbstreferenzen bilden eine Einheit, sie wirken selbdritt. So setzt Reflexion die Leistungen der beiden anderen Selbstreferenzen voraus, basale Selbstreferenz enthält die beiden höheren Formen in ihrem latenten Bezug auf Einheit und Prozess des Systems bereits in sich. Luhmann hält in diesem Kapitel dezidiert fest, dass alle sozialen Systeme über rudimentäre Formen der Selbstbeobachtung verfügen, also niemals „blind" operieren (SS 618). Das ist insofern plausibel, als jede Anschlussoperation eine Systemzuordnung des vorausgegangenen Elements mitproduziert – und somit eine Beobachtungsleistung vollzieht – da Ereignisse ihren Sinn ja erst in der relationierenden Operation erhalten. Die Abschnitte III bis VI sind der Erörterung der drei genannten Formen der Selbstreferenz gewidmet, die in Tabelle 1 in synoptischer Form dargestellt sind.

Wenn soziale Systeme mit einer temporalisierten Komplexität ausgestattet sind, muss die Theorie eine Antwort für das Problem der Verknüpfung von Ereignissen entwickeln. Das Kausalmodell der Regelkreis-Kybernetik kann ausgeschlossen werden, denn ein im Entstehen bereits wieder verschwindendes Ereignis kann nicht Element eines Kausalzusammenhangs sein. Luhmanns Lösung des Problems, wie Relationen zerfallsanfällige Elemente miteinander verbinden, orientiert sich an dem sinntheoretischen Gedanken des Verweisungszusammenhangs, eines vorreflexiven Vor- und Rückgriffs auf gegenwärtige Vergangenheit und Zukunft im Modus der erstreckten Gegenwart.[3] Erst die Differenzierung der Zeitdimension in Zukunft und Vergangenheit, die in der Gegenwart als Horizonte zur Verfügung stehen, erlaubt somit die Verknüpfung irreversibler, zeitgebundener Ereignisse in Sinnsystemen (SS 609). Interaktionen sind ein gutes Beispiel dafür, wie Sozialsysteme beständig das Problem des Anschlusses unter Bedingung der Irreversibilität der Zeit zu lösen haben – sie stehen unter ständiger Bedrohung des gewünschten oder unerwünschten Abbruchs. Jedes Ereignis steht in einem Verweisungszusammenhang mit anderen Ereignissen und gewinnt so seine Einheit. Es bestimmt seinen Sinn über den Bezug auf vorangegangene Ereignisse und den Verweis auf mögliche weitere Ereignisse, die dann – einmal aktualisiert – ihrerseits wieder diesen und ihren eigenen Sinn (neu) qualifizieren. Basale Selbstreferenz

3 Siehe dazu mit Bezug auf Husserls Konzeption eines Zusammenspiels von „Protention" und „Retention" Bohn (1999, 30ff.).

kann so im Unterschied zur Reflexivität nur im Zeitlauf direkt aufeinander folgende Ereignisse hervorbringen und verknüpfen, während Reflexivität als Referenzmodus die Abfolge von Ereignissen im Zeitlauf überspringen kann. Basale Selbstreferenz kopiert die Irreversibilität der Zeit in das System hinein. Sie gewährleistet durch relationierende Bezugnahme auf das Selbst – in diesem Fall auf das Element – Kontinuität durch sukzessives Anschließen, bleibt aber selbstvergessen und reichlich strukturlos.

Komplizierter ist der Fall des reflexiven Selbstbezugs, dessen Selbste ja als Prozesse identifiziert wurden. Auch Prozesse werden im System im Modus des Selbstbezugs hergestellt. Nicht jede Ereignisfolge ist schon ein Prozess und nicht jeder Prozess erlaubt Reflexivität. Rituale etwa zeichnen sich durch ihre Reflexivitätsresistenz aus, man kann sie weder abkürzen noch kann man sie verändern. Prozessbildungen beruhen auf Selektionsverstärkungen im Sinne der Einschränkung möglicher Anschlusshandlungen. Das erfordert Elemente gleicher Typik wie Kommunikationen, Macht-, Rechts- oder Erziehungsoperationen. Auf sich selbst angewandt, also reflexiv werden können Prozesse nur auf der Grundlage selbstselektiver Strukturen von Prozesslogiken. Die Grundform prozessualer Reflexivität ist in der Theorie Luhmanns daher immer „die Selektion von Selektionen“ (SS 610). Interaktionen, Organisationen und das Gesellschaftssystem operieren immer dann im Modus der Reflexivität, wenn Prozesse auf sich selbst angewendet werden, indem sie die Einheit des Prozesses im Prozess selbst zur Geltung bringen. Das kann Kommunikation über Kommunikation sein im Sinne einer Kommentierung des Kommunikationsverlaufs, einer Rückfrage oder einer „repair“-Operation; es können machtgestützte Anweisungen zur Anwendung von Macht anderer in Organisationen, es kann aber auch die machtgestützte Vermeidung der Machtanwendung sein; es kann die Erziehung der Erzieher sein. Die Selektionsverstärkung einer prozessualen Selbstreferenz liegt folglich darin, dass sich die Ereignisabfolge im Kommunikationsablauf selbst als Einheit repräsentiert findet und damit auf gerade diese Abfolge (oder ihr Ausbleiben) hinwirken kann. Luhmann verweist hier auf die Ausdifferenzierung besonderer „Reflexiveinrichtungen“, die dann auch das Nichtstattfinden eines Prozesses kontrollieren und thematisieren können und es so erlauben, reflexive Prozesse als strukturändernde Prozesse einzusetzen (SS 612).

Tabelle 12.1: Formen der Selbstreferenz

Formen der Selbstreferenz	**Selbst**	**Leitdifferenz:** **Mögliche Operationen**
Basale Selbstreferenz	**Element**	Element/Relation Relationierung von Elementen • Autopoietische Reproduktion
Reflexivität	**Prozess**	Vorher/Nachher –Differenz Strukturänderung Selektionsverstärkung Grundform: Selektion von Selektion • Kommunikation über Kommunikation • Beobachtung von Beobachtung • Machtanwendung oder machtgestützte Vermeidung von Macht in Machtprozessen • Zahlungen für Geld • Lieben der Liebe • Erziehung der Erzieher
Reflexion	**System**	System/Umwelt-Differenz Reflexion Selbstbeobachtung Selbstbeschreibung > Reflexionstheorien • Selbstdarstellung • Selbstsimplifikation • Rationalität

Reflexivität gilt in der vorgestellten Theorie als ein sehr allgemeines Prinzip der Ausdifferenzierung und Steigerung. Besonders wichtig für den Aufbau der Theorie ist die Frage, unter welchen Bedingungen Reflexivverhältnisse spezialisierbar sind. Das Zahlen von Zahlungen im Sinne eines institutionalisierten Handels mit Geld führt zur Reflexivität des Geldgebrauchs. Dass und wie Liebe kommuniziert und praktiziert wird, ist zugleich Beweis der Liebe und kann nicht jenseits der Selbstreferenz des Liebesmediums legitimiert werden. Reflexive Mechanismen wie das Lieben der Liebe, Handel mit Geld und Derivaten, das Forschen über Wissenschaft oder die Anwendung von Macht auf Macht sind daher ganz entscheidende Bedingungen für die Herausbildung symbolisch generalisierter Kommunikationsmedien wie Geld, Macht, Liebe, Wahrheit.

Mit der funktionalen Spezifikation gesellschaftlicher Kommunikationsprozesse könne dann auch prozessuale Reflexivität mögliche Kontrollleistungen der jeweiligen Prozesse durch sich selbst erbringen. Die – aus der Distanz – eher optimistische Idee war zum Zeitpunkt der Publikation des Buches 1984, dass das reflexiv gewordene Geldmedium ein hervorragendes soziokulturelles Anschauungsobjekt für den Zusammenhang von hohem gesellschaftlichem Reflexivitätsniveau, Störanfälligkeit und hoher „Rekuperationsfähigkeit" sei (SS 616).

Die gesellschaftsstrukturellen Implikationen jener reflexiv gewordenen kommunikativen Spezialisierungen werden aber vollends erst mit der Erläuterung der dritten Form der Selbstreferenz, der Reflexion deutlich. Auch Reflexion ist eine Sonderleistung des Systems, über die keineswegs alle Systeme verfügen. Für Interaktionssysteme ist der Übergang vom Normalmodus zum Reflexionsmodus eher ungewöhnlich, während gesellschaftliche Subsysteme neben den erwähnten zahlreichen Reflexivitätseinrichtungen auch Reflexionsleistungen, die auf das System als Einheit bezogen sind, hervorbringen. Als Leitdifferenz der Reflexion hatten wir die System/Umwelt-Differenz festgehalten, erst die Reflexion zielt auf die Einheitsbildung des Systems und dessen zeitlicher und sachlicher Abkopplung von der Umwelt. Vieles spricht dafür, dass die dem Modus der Reflexion zugehörigen selbstreferentiellen Operationen wie Selbstbeobachtung, Selbstbeschreibung und die Reflexionstheorien der Subsysteme an den kommunikativen Gebrauch der Schrift – das hatte Luhmann gesehen –, aber auch numerischer und visueller Medien gebunden sind, wie neuere Forschungen belegen.[4] Im Vorgriff auf die im späteren Werk nur zum Teil verwirklichten gesellschaftstheoretischen Einzelstudien wird im Reflexionskapitel die Entstehung der Reflexionstheorien der einzelnen Subsysteme seit dem 17. Jahrhundert angeführt und entscheidend für die selbstreferentielle Autonomie der Funktionssysteme mitverantwortlich gemacht: Staatstheorien, Theorien des modernen Verfassungsstaates für die Politik; Erkenntnis- und Wissenschaftstheorien für die Wissenschaft; Rechtstheorie und die Positivierung des Rechts; Reflexionsverdichtungen der Erziehung, der Intimität und der Wirtschaft. Eine bereits mit Diltheys Theorie der Kultursysteme mögliche Beobachtung macht deutlich, dass die Reflexionstheorien zugleich Veranstaltungen des sich simultan autonomisierenden Wissenschaftssystems wie der jeweiligen gesellschaftlichen Subsysteme sind.[5] Die gesellschaftstheoretische Analyse schließt hier die Gesamttransformation der Differenzierungsform zur funktionalen Differenzierung an. Mit der Aufhebung der hierarchischen Ordnung, die sich am Primat von Religion und Politik orientiert hatte, entsteht eine polykontextuale Ordnung, in der von keinem der Funktionssysteme die Gesellschaft als „Ganze" repräsentiert werden kann.

Die Beziehung der Subsysteme zu sich selbst und zu ihrer Umwelt – darin ist die innergesellschaftliche Umwelt als spezifische System/Umwelt-Relation enthalten, lässt sich im Kontext einer soziologischen Theorie der Selbstreferenz dann am ehesten über die in Abschnitt VII noch einmal prominent erörterte Untrennbarkeit von Selbstreferenz und Fremdreferenz beschreiben. Sie besagt, dass Systeme zwar immer – aber niemals ausschließlich – im Selbstkontakt operieren und verbindet sich mit der in früheren Kapiteln formulierten systemtheoretisch neuen Annahme, dass soziale Systeme nicht offen oder geschlossen, sondern als informationell offen und operativ geschlossen zugleich operieren. „Das System operiert stets, aber nicht nur, im Selbst-Kontakt. Es fungiert als offenes und als geschlossenes System zugleich." (SS 624) Im Selbstkontakt der Reflexion entstandene semantischen Artefakte, die als Reflexionstheorien für die Autonomie der Funktionssysteme bedeutsam sind, erscheinen dann zwar als Einheit des Systems im System, sind aber selbst nur Abkürzungen und Selbstsimplifikationen,

4 Themenheft

5 Siehe dazu Hahn (1999).

da sie zwar auf das Ganze referieren, aber wie alle Selbstbeschreibungen niemals das Ganze sein können.

Interessant ist nun die empirisch vergleichende Beobachtung, auf welch unterschiedlichen Wegen die Subsysteme ihre selbstreferentielle Autonomie bewerkstelligen. Für die Ausdifferenzierung der modernen durchmonetarisierten Ökonomie hatte ganz offensichtlich das Medium Geld als mitlaufende Sinnverweisung aller Operationen eine herausragende katalysatorische Wirkung. Für die Schließung eines eigenen Sinnhorizontes für Politik hingegen war die mitlaufende Referenz des Machtmediums nicht ausreichend. Vielmehr war die für das Subsystem zentrale Organisation des Staates für die autonomisierte Politik unverzichtbar – eine soziologische Beobachtung, die sich bereits bei Weber andeutet. Staat gilt Luhmann aber zugleich als semantisches Artefakt, als rechtsfähige juristische Zurechnungseinheit und als Selbstbeschreibung des politischen Systems.

12.3

Die Überlegungen zur Simultaneität von Fremdreferenz und Selbstreferenz, von Offenheit und Geschlossenheit machen bereits deutlich, dass das System auf „Zusatzsinn" (SS 631) angewiesen ist, um das Operieren aus der brach liegenden Dauerschleife reiner Selbstreferenz herauszuführen – ein Zusatzsinn, mit dem sich das System in diesem inhärent instabilen Zustand allerdings unweigerlich anreichert, wie schon die „auto-katalytische" Dynamik der doppelten Kontingenz zeigt. Hier führt Luhmann den Begriff der „Asymmetrisierung" (Abschnitt VIII) ein. Über „Asymmetrisierungen" werden zirkuläre Selbstreferenzen entzerrt und auf Bezugspunkte ausgerichtet, die im System nicht mehr hinterfragt werden, es vielmehr zur Abarbeitung ‚bestimmten' Sinns anleiten und antreiben. Einrichtungen dieser Art klassifiziert Luhmann hier entlang der im Sinnkapitel identifizierten Sinndimensionen: Zu den zeitlichen Formen der Asymmetrisierung zählen solche, die auf die Nichtänderbarkeit von Vorhandenem verweisen und es zum unabdingbaren Ausgangspunkt alles Weiteren stilisieren; ebenso solche, die einen künftigen Finalzustand markieren, dem sich das System operativ zu entziehen versucht oder auf den es umgekehrt gerade hinzuwirken bemüht ist. In sachlicher Hinsicht fungieren Externalisierungen entlang der

System/Umwelt-Differenz als derartige ‚Selbstreferenzunterbrecher'. Das System orientiert sich hier an äußerlichen ‚Realitäten'. In der Sozialdimension schließlich – hier kommen wieder gesellschaftstheoretische Pointen ins Spiel – sind es ehedem hierarchische Rangvorstellungen gewesen, die das System mit entsprechenden Fixpunkten für die operative „Autopoiesis" ausgestattet haben. Solche haben sich in der modernen Gesellschaft auf die Ebene der Organisation und ihrer Stellenstruktur verlagert – es gibt keine Könige mehr, wohl aber Abteilungsleiter. An die Stelle des ‚Königs' sieht Luhmann hier – ebenso wie Durkheim – zudem das Individuum avancieren. Von ihm und seinem Recht auf Selbstbestimmung hat heute alles „Anschlussverhalten" auszugehen (SS 633). Die moderne Gesellschaft liefert zugleich aber auch die Möglichkeit, solche Asymmetrisierungen in ihrer Funktion und ‚Kontingenz' aufzuhellen: Etwa indem sie Soziologen ‚ausdifferenziert', die sich dafür den Begriff der Asymmetrisierung erfinden. Der unterminierende Effekt bleibt indes gering, ist doch damit nur die Ersetzbarkeit der Asymmetrisierungsform, nicht der Asymmetrisierung selbst angezeigt. Zugleich rechtfertigen und plausibilisieren sich solche Einrichtungen durch die Strukturen, die sie ermöglichen, gleichsam selbst – man denke nur an das Handlungskonstrukt des Kommunikationssystems, auf das Luhmann in diesem Zusammenhang erneut verweist.

Mit etwaigen Effekten von Selbstbeschreibungen im System sind zugleich die ‚Irrationalitäten' der Planung angesprochen (Abschnitt IX): Unter einer solchen wird hier die Beschreibung eines zukünftigen Zustands des Systems durch das System selbst verstanden. Planung ist indes ein im System selbst beobachtbarer Prozess – sie schafft folglich „Reaktivitäten" und verändert so schon durch ihr Planen das System, mit dem sie plant. Das System ist sich also stets selbst voraus – plant die Planung noch ihre Folgen ein, so wird auch dies im System erfahrbar und schafft erneut unvorhergesehene Folgen, die der Planung zuwiderlaufen können.

Das, wie auch der Selbstreferenzgedanke im Allgemeinen geben hier Anlass, sich um eine Re-Situierung des Rationalitätsgedankens zu bemühen (X). Der Rationalitätsbegriff wird dort angesetzt, wo das System eigene Auswirkungen auf die Umwelt – und über Letztere wiederum auf sich selbst – vorausschauend in Rechnung stellt. Brisanz gewinnt dies vor allem auf der Ebene des Gesellschaftssystems, wo die ‚Eigengesetzlichkeiten' der Teilsysteme diese immer weiter über sich hinaustreiben, ohne dass sie auf homöostatische Gleichgewichte bedacht wären. Mit diesem Rationalitätsbegriff wird hier also ausdrücklich nicht an die Weber'sche Tradition von handlungsleitenden Letztgesichtspunkten angeschlossen – eher schwingt der Gegensatz von formaler und materialer Rationalität mit. Damit ist zugleich die damals hochaktuelle Umweltthematik aufgerufen, zu der Luhmann wenige Jahre später mit „Ökologische Kommunikation" (1986) einen eigenen Beitrag geleistet hat. Rationalität erfordert aus dieser Perspektive, dass die Umweltprobleme, die die Gesellschaft betreffen, auch im System kommuniziert werden. Denn im Wirklichkeitsbereich der Gesellschaft ist für kommunikative Anschlüsse immer gesorgt – bis die Folgen dieser Anschlüsse diesen ihre eigenen Grundlagen entziehen. Gerade hier sind gesellschaftliche Selbstbeschreibungen mit entsprechender ‚Rationalität' anzureichern.

Literatur

Bohn, Cornelia: Schriftlichkeit und Gesellschaft. Kommunikation und Sozialität in der Neuzeit. Opladen/Wiesbaden: Westdeutscher Verlag 1999

Hahn, Alois: Die Systemtheorie Wilhelm Diltheys, in: Berliner Journal für Soziologie 9 (1999), S. 5–24.

Schubbach, Arno: Selbstbezügliches Schwarz? Zur Reflexivität von Bildern, in: Zeitschrift für Ästhetik und Allgemeine Kunstwissenschaft 55 (2010), S. 287–301.

Soziale Systeme, Themenheft: Welterzeugung durch Bilder, 2013 (im Erscheinen)

13

Marcus Emmerich und Christina Huber

Konsequenzen für Erkenntnistheorie (12. Kapitel)

Das erste Kapitel hatte Luhmann mit der Bemerkung eingeleitet, seine Überlegungen gingen nicht von einem „erkenntnistheoretischen Zweifel", sondern davon aus, „dass es Systeme gibt" (SS 30) und zwar *selbstreferentielle*. ‚Soziale Systeme' beginnt also mit der Ankündigung einer Theorie, die mit der Annahme selbstreferentieller Systeme operiert und damit nicht nur ihren Beobachtungsgegenstand, sondern auch ihr eigenes – selektives – Beobachtungsschema vorstellt. Mit dem letzten Kapitel wird nunmehr dieses Beobachtungsschema der Systemtheorie selbst zum Gegenstand der Reflexion gemacht. Entsprechend darf die vorläufige Ausklammerung erkenntnistheoretischer Fragen „nicht mit einer erkenntnistheoretisch unreflektierten, alltagsweltlich naiven Einstellung verwechselt werden" (SS 381), vielmehr will Luhmann damit vor-reflexive Theorieentscheidungen und vorschnelle Antworten vermeiden. Nachdem er die Theorie sozialer Systeme entfaltet hat, diskutiert Luhmann abschließend – auf Grundlage des theoretischen Inventars, das zuvor arrangiert wurde – deren *Konsequenzen für Erkenntnistheorie* und unterzieht diese einer systemtheoretischen ‚redescription'. Für das Verständnis dieses abschließenden Kapitels ist dabei entscheidend, dass sich Luhmann aus der Position des *soziologischen* Beobachters den Problemen der Erkenntnistheorie nähert und dabei Unterscheidungen verwendet, die in Distanz zur erkenntnis*philosophischen* Tradition gehen. Seine Auseinandersetzung mit Erkenntnisphilosophie(n) verzichtet dabei weitgehend auf eine differenziertere, zeitgenössische Entwicklungen einbeziehende Rekonstruktion ihrer immanenten Entwicklungslinien.

Entsprechend lassen sich die von Luhmann beschriebenen Auswirkungen der Systemtheorie auf die Erkenntnistheorie nur verstehen, wenn die soziologischen Grundlagen der Systemtheorie mitreflektiert werden. Dabei sind insbesondere folgende Aspekte zu nennen: *Erstens* sind psychische und soziale Systeme mit einer auf Selbstreferenz *basierenden* Beobachtungsfähigkeit ausgestattet, sodass Erkenntnistheorie aus systemtheoretischer Sicht grundsätzlich als nicht-subjektivistische Beobachtungstheorie reformuliert werden muss; *zweitens* muss eine systemtheoretische Revision erkenntnistheoretischer Problemstellungen von Identität und Kausalität auf Differenz und Selbstreferenz umstellen; *drittens* muss eine universelle Systemtheorie als gegenstandsübergreifende Reflexionstheorie von der gegenstandsspezifischen Theorie sozialer Systeme unterschieden werden. Anhand dieser Bezugspunkte lässt sich Luhmanns Diskussion der epistemologischen Konsequenzen rekapitulieren.

13.1

Luhmann beginnt seine Argumentation mit der Erörterung der Frage, welche Art von Problemen die ‚traditionelle' Erkenntnistheorie konstruiert und welche Lösungen sie dafür entwickelt hatte. Kommen wir daher noch einmal zurück zum Anfang des Buches: Das Motiv des ‚erkenntnistheoretischen Zweifels' ist eine direkte Referenz auf den Gründungstext des abendländischen Rationalismus, Descartes *Meditationes de Prima Philosophia* (Meditationen über die Erste Philosophie, 1641), deren Zweck darin bestand, der Philosophie ein unumstößliches, zweifelfreies erkenntnistheoretisches Fundament zu geben. In seinem ersten Argumentationsschritt wendete sich Descartes sowohl gegen religiöse und metaphysische Erklärungen als auch gegen den Empirismus (z. B. Bacon), der Erkenntnisgewinn über die sinnliche Wahrnehmung erklärte, denn die Sinne können täuschen und liefern nur ein zweifelhaftes Abbild der Dinge (vgl. Descartes 1996, 63ff.). Das einzige, was dem Zweifel standhält, ist die subjektive Seinsgewissheit (sum res cogitans), die über die denkende Bewusstwerdung des Zweifelns (cogito ergo sum) vermittelt wird. Erkenntnis lässt sich also nur in der reinen Denkbewegung gewinnen und ist damit

Produkt der ‚reinen' Selbstreferenz des Geistes. Konsequenterweise müsste man folglich den (radikal-konstruktivistischen) Schluss ziehen, dass „real ist, was die Erkenntnis als real bezeichnet" (SS 648).

Der Realitätsbezug der Erkenntnis, also der Bezug zur objektiven Außenwelt (res extensa) als Gegenpol zur subjektiven Innenwelt (res cogitans), ließe sich damit aber nicht mehr überprüfen. Es musste Descartes also gelingen, den durch Zweifel gestörten Bezug zur Außenwelt wiederherzustellen, weshalb er den ontologischen Gottesbeweis antrat. Auf der Basis der Existenz Gottes konnte er folgern, dass jegliche subjektive Erkenntnis, die auf rationaler Basis gewonnen wird, richtig sein muss. Denn Gott würde es nicht zulassen, dass sich der subjektive Verstand, das subjektive Bewusstsein im Denken täuscht. So gelingt es zwar, den letzten Grund aller Erkenntnis auf die (göttlich bedingten) Vernunftprinzipien (ratio) des denkenden Subjekts beziehen zu können – allerdings um den Preis, dass Erkenntnisfähigkeit unmittelbar und ausschließlich an subjektives Bewusstsein gekoppelt und individualisiert wird. Erkenntnistheorie war als rationalistische Metaphysik nun darauf festgelegt, den Rationalitätsgesetzen Priorität einzuräumen und die Welt durch logische „Deduktion" und „Kausalität" (SS 651) als eine in sich rational und widerspruchsfrei organisierte projizieren zu müssen.

Auch Kant, auf den Luhmann mehrfach verweist, hielt an der Festlegung des Subjekts als unhintergehbares Prinzip aller Erkenntnis fest, doch versuchte er die gegensätzlichen Positionen des Empirismus (Bacon, Locke) und des Rationalismus (Descartes) zu integrieren, indem er grundsätzlich anerkannte, dass Erkenntnis ohne sinnliche Wahrnehmung nicht möglich ist, gleichzeitig aber auch betonte, dass jegliche Wahrnehmung unstrukturiert ist, wenn der Verstand nicht über a priori gültige Prinzipien verfügt, welche erkenntnisleitend wirken:

> Irgendein A priori schien ihr [der transzendentalphilosophischen Erkenntnistheorie Kant'scher Provenienz, ME/ChH] unerläßlich zu sein auf Grund der Annahme, daß, kantisch formuliert, die Bedingungen der Möglichkeit von Erfahrung nicht selber Gegenstände der Erfahrung sein, nicht selber im Bereich der Erfahrung aufgesucht werden könnten. (Luhmann 1981, 102)

Kant löste das „Selbstreferenz-Problem" also nicht mehr über den ontologischen Beweis der Existenz Gottes und die Vernunftprinzipien, sondern setzte auf transzendentale Apriorismen als letztgewisse Außenfundierung (vgl. SS 649). Das erkennende Subjekt wurde somit als Bedingung der Möglichkeit von Erkenntnis gefasst, womit sich „die so gefährliche Problematik der Selbstreferenz hier [im Bewusstsein, ME/ChH] einfüllen und abkorken" ließ (Luhmann 1981, 103). Damit war „[e]in geniales, höchst erfolgreiches, merkwürdiges Kompromiss zwischen Zugeständnis und Ablehnung von Selbstreferenz" (SS 649) gefunden.

Eine produktivere Möglichkeit, Realitätsbezug im Modus der Selbstreferenz zu bearbeiten, hat nach Luhmann erst der *Kritische Rationalismus* (Popper) aufgezeigt. Denn das diesem Ansatz inhärente Falsifikationsprinzip muss den selbstreferentiellen Zirkel nicht vermeiden, sondern kann ihn in Form eines kontinuierlichen *kritischen Diskurses* innerhalb der Wissenschaft entfalten und somit in einen infiniten Regress überführen. Der Kritische Rationalismus bearbeitet das Tautologieproblem schließlich durch Temporalisierung von Erkenntnis, indem man den infiniten Regress mit langfristigen „Approximationshoffnungen" ausstattet: Die über Falsifikationsstrategien konditionierte Revisionsbereitschaft soll es immer unwahrscheinlicher machen, dass Erkenntnis ohne jeden Realitätsbezug gewonnen werden kann (vgl. SS 648f.; Luhmann 1981, 102f.). Damit kann zwar auf transzendental begründete Apriorismen verzichtet werden, doch ist auch dieser Ansatz für Luhmann nicht überzeugend, weil er insbesondere „den Begriff des Diskurses theoretisch unfundiert" (Luhmann 1981, 102) einführe.

13.2

Nach Luhmanns Verständnis läuft also die „erkenntnistheoriegeschichtlich akkumulierte Semantik auf Schwierigkeiten auf [...], die sie selbst nicht mehr lösen kann" (Luhmann 1981, 103) und diese Schwierigkeiten sind in der „Vermeidung von Selbstreferenz" begründet. Bereits in einem früheren Text schlägt Luhmann vor, dass die Selbstblockade der Erkenntnistheorie überwunden werden kann, wenn man den Subjektbegriff und den darin enthaltenen Abstraktionsgewinn in einer Generalisierung seiner Form aufhebt und versucht, den Begriff „auf sinnhafte Prozesse und Systeme schlechthin" anzuwenden (SA 6, 89). Die Theorie selbstreferentieller Systeme kann dies leisten, weil sie die exklusive Assoziation von Selbstreferenz und subjektivem Bewusstsein kappt und auf einen ‚Sonderfall' unter vielen anderen reduziert (vgl. Luhmann 1981, 103).

Dieser radikale Bruch mit der Exklusivität subjektzentrierter Erkenntnisfähigkeit ist möglich, weil sich die Systemtheorie auf *Beobachtung* bezieht und allen Systemen Beobachtungsfähigkeit zurechnet. Beobachten wird dabei „im Sinne des operativen Einführens und Handhabens einer Differenz" (SS 650) verstanden. Welches Differenzschema verwendet wird, ist dem beobachtenden System überlassen und wird nicht etwa durch den beobachteten Gegenstand festgelegt. Damit ist jede Wahl des verwendeten Beobachtungs- oder Differenzschemas stets auch anders möglich, das heißt sie beinhaltet „ein Moment der Kontingenz" (SS 655), woraus sich „gemessen an den Standarderwartungen der klassischen Wissenschaftstheorie in Hinsicht auf die ‚intersubjektiv zwingende Gewissheit' ein Moment der Unsicherheit, der Relativität, ja der Willkür ergibt" (SS 655). Für Luhmann ist der erkenntnistheoretisch motivierte „Kontakt [...] mit der Realität" deshalb nur zu halten, wenn man „nicht auf psychische, sondern auf soziale Systeme abstellt" (SS 655). Denn soziale Systeme können – im Gegensatz zu psychischen Systemen – nicht von Sinnes- oder Bewusstseinstäuschungen heimgesucht werden.

Differenzierungstheoretisch betrachtet, findet die Erzeugung von (wissenschaftlicher) Erkenntnis in einem spezialisierten sozialen System, der Wissenschaft, statt. Wie alle Teilsysteme der Gesellschaft muss auch das Wissenschaftssystem seine Elemente (wissenschaftliche Erkenntnis, ‚Wahrheit') bestimmen und sich selbst zuordnen können. Es braucht hierfür eine Reflexionstheorie, die besagt, welche Operationen (und damit die Reproduktion welcher Elemente) im Wissenschaftssystem zulässig sind und welche nicht – eine „Theorie des Systems im System" also, die deutlich macht, „unter welchen Bedingungen Sinn als Erkenntnis oder gar als Erkenntnisgewinn zu behandeln sei" (SS 647). Als Reflexionstheorie des Wissenschaftssystems kommt der Erkenntnistheorie die Aufgabe zu, die „Selbstreferenz als Identität des Systems" (SS 647) zu reflektieren und damit auch eine Selbstbeschreibung des Wissenschaftssystems anzufertigen. Eine solche Selbstbeschreibung oder „Orientierung an der eigenen Identität" (Luhmann 1981, 104) ist aber nur möglich, insofern das System die Differenz von System und Umwelt gebraucht (Luhmann 1981, 104). Im vorliegenden Fall ist die System/Umwelt-Differenz im Verhältnis von Erkenntnis (als Element des Systems) und Gegenstand (als Element in der systemexternen Umwelt) gegeben.

Nutzt man die Unterscheidung zwischen *Beobachtung erster Ordnung* (Reflexivität) und *Beobachtung zweiter Ordnung*, d. h. der *Beobachtung von Beobachtungen* (Reflexion), ist Erkenntnistheorie zwar der Selbstbeobachtung und Selbstbeschreibung des Wissenschaftssystems zuzurechnen; zugleich ‚betreibt' sie als operierende Wissenschaft aber auch, was sie ‚beschreibt' (SS 647): die Produktion von Erkenntnis. Erkenntnistheorie führt also im Moment der Beobachtung erster Ordnung (Operation, Produktion von Erkenntnis) einen blinden Fleck mit, weil sie nicht zeitgleich beobachten kann, was sie tut (wie sie operiert). Auf der Ebene der Operation können die durch die selbstreferentielle Struktur erzeugten Kausalitätsprobleme (zunächst) unberücksichtigt bleiben, sodass etwa der Erfolg praktischer Forschung und damit die dynamische Stabilität des Wissenschaftssystems empirisch nicht davon abhängen, ob ihre erkenntnistheoretischen Möglichkeitsbedingungen zuvor als unzweifelhaft belegt worden sind. Und dies gilt entsprechend auch für das Unterfangen der Systemtheorie, weshalb Luhmann zurückweist, dass „man […] zuerst die logischen und erkenntnistheoretischen Probleme eines Forschungsansatzes klären [müsse], bevor man mit Forschung beginne" (SS 661).

Die Probleme entstehen erst auf der Ebene der *Beobachtung zweiter Ordnung*. Während die ‚traditionelle' Erkenntnisphilosophie die Lösung in der Vermeidung und Verdrängung dieser durch Selbstreferenz erzeugten Paradoxie suchte, plädiert Luhmann dafür, diese Paradoxie in die Wissenschaftstheorie einzubauen, weil sie zugleich als Instrument der Selbstkontrolle fungieren könne. Denn eine Theorie „kann über ihren Gegenstand nichts behaupten, was sie nicht als Aussage über sich selbst hinzunehmen bereit ist" (SS 651). Eine erkenntnistheoretische Letztbegründung kann also nur innerhalb universeller und damit selbstreferentieller Theorien ermöglicht werden. Damit dränge sich die Systemtheorie der Wissenschaftstheorie gleichsam auf, weil sie den „Explosivstoff Selbstreferenz" in sich aufgenommen hat und man demzufolge, wenn man mit ihr arbeiten will, auch die Wissenschaft und die eigene Forschung unter ihren Prämissen beleuchten muss (vgl. SS 656). „Es ergibt sich daraus eine Art Mitbetreuung der Erkenntnistheorie durch die Systemtheorie und daraus, rückwirkend, eine Art Eignungstest der Systemtheorie" (SS 30).

13.3

Diese Selbstimplifikation der Systemtheorie als Erkenntnistheorie eröffnet zwei Perspektiven: Zum einen die Perspektive einer *universellen Systemtheorie*, die auf Wissenschaft als solche bezogen werden kann, zum anderen die Perspektive einer *‚speziellen' Systemtheorie*, die sich mit den Konstitutionsbedingungen von Gesellschaft und den Reflexionsbedingungen der entsprechenden Fachwissenschaft auseinandersetzt. Statt zwischen Naturwissenschaften und Geisteswissenschaften zu unterscheiden, wie dies Dilthey vorgeschlagen hatte, unterscheidet Luhmann zwischen „Theorien mit Universalitätsanspruch" und „begrenzten Forschungstheorien" (SS 658). Der gemeinsame Bezugspunkt ist dabei die Beobachtungsfähigkeit, die aus operativer Selbstreferenz resultiert.

Wenn nicht mehr die konstante Identität des Gegenstandes, sondern die Existenzerwartung selbstreferentiell operierender Systeme als *universeller* Ausgangspunkt angenommen wird, dann hat dies zweierlei Konsequenzen für wissenschaftliches Beobachten: Erstens kann, ausgehend von der differenzierungstheoretisch begründeten „Systemrelativität aller Beobachtungen und Beschreibungen", auch die wissenschaftliche Beobachtung keinen Anspruch auf einen privilegierten Weltzugang erheben (SS 656). Zweitens müssen die beobachteten Objekte ebenfalls als selbstreferentielle Systeme behandelt werden, was bedeutet, dass Beobachtung im Modus eines *doppelten Kontingenzverhältnisses* abläuft (vgl. SS 657)

Doppelte Kontingenz meint hierbei, dass beobachtungspraktisch nicht mehr maßgeblich ist, was ein Objekt (ontologisch) *ist*, sondern was es (operativ) *tut* – und das, was es tut, hängt davon ab, wie es beobachtet wird: „Alle Transparenz, die zu gewinnen ist, ist dann Transparenz der Interaktion mit dem Objekt und der dazu nötigen Deutungen." (ebd.) Damit sind Erkenntnisprozesse ein Spezialfall von Beobachtung und weil auf beiden Seiten (Subjekt/Objekt) Selbstreferenz erwartet werden muss, ist Beobachtung wesentlich *Verstehen*: „Verstehen ist Beobachtung im Hinblick auf die Handhabung von Selbstreferenz." (SzP 55)

Jene doppelte Kontingenz – und dies ist entscheidend – erzeugt damit die „Emergenz einer neuen Realitätsebene" (SS 658), die der interaktiven Beobachtung selbst *nicht vorgängig* ist. Wenn Erkenntnis im Modus der Selbstreferenzialität beschrieben wird, dann kann es sich bei dieser nur selbst um eine *Realität sui generis*, um *„emergente Realität"* (ebd.) handeln.

Auf der Ebene dieser universellen Systemtheorie lässt sich dann auch das Problem der Gegenstandskonstitution, d. h. der Objektcharakter des Beobachteten, generell bearbeiten: „Man kann auf die Frage: wie ist Erkennen möglich? antworten: durch die Einführung einer Unterscheidung." (SA 5, 33) Es geht dann nicht mehr um das Abbilden vorgefundener (positiver) Wirklichkeit oder um die ontische ‚Eigentlichkeit' eines präkonstituierten Etwas, die ‚von Außen' ohnehin unzugänglich wäre. Vielmehr konstituiert ein beobachterabhängiges *Differenzschema* den Beobachtungsgegenstand als Einheit der verwendeten Differenz: Erst wenn Etwas von Etwas als Anderem unterschieden werden kann, lässt sich Erkenntnis von diesem Etwas als nichtbeliebig begründen. Diese Unterscheidung wird aber durch einen Beobachter und nicht durch den Gegenstand der Beobachtung festgelegt und deshalb kann ein Beobachter auch Differenzen verwenden, die dem Beobachteten selbst unzugänglich sind.

Wissenschaft ist, stellt man auf Selbstreferenz um, auf der Ebene ihrer Operationen zunächst per se *Beobachtung zweiter Ordnung*, da sie beobachtet, mit welchen Differenzschemata die beobachteten selbstreferenziellen Systeme operieren. In der Beobachtung zweiter Ordnung werden die blinden Flecken einer Beobachtung erster Ordnung sichtbar, sie ermöglicht gleichsam das Erkennen des Erkennens und kann damit die Frage nach dem *Wie* des Erkennens im Fall der beobachteten Systeme beantworten. Als Wissenschaft muss sie dabei jedoch zwangsläufig ihre eigenen Schemata verwenden und so ist auch wissenschaftliche Erkenntnis nur um den Preis der Reproduktion eigener blinder Flecken zu haben; sie hat zwar ein größeres Blickfeld als die Beobachtung erster Ordnung (die sich auf die Ebene des Faktischen bezieht), doch auch hier bleiben blinde Flecken bestehen. „Das Erkennen hat es mit einer unbekannt bleibenden Außenwelt zu tun, und es muss folglich lernen, zu sehen, dass es nicht sehen kann, was es nicht sehen kann." (SA 5, 32) Das heißt, auch eine Beobachtung zweiter Ordnung kann keinesfalls die *ganze* Wirklichkeit erfassen.

13.4

Welche Konsequenzen hat dies nun für eine spezielle *soziologische* Erkenntnistheorie, die auf die realistische Beschreibung von Gesellschaft im Horizont sozialer Systeme abstellt? Wenn Gesellschaftstheorie als Theorie sinnkonstituierender sozialer Systeme reformuliert wird, entstehen neue Möglichkeiten der Beschreibung epistemologischer Probleme, weil und insofern die Prozessierung von *Sinn* nicht mehr exklusiv auf psychische Systeme bzw. Bewusstseinssubjekte attribuiert werden muss. Die Referenz auf Kommunikation ermöglicht die Abkehr von einem *epistemologischen Individualismus*, der für Handlungstheorien kennzeichnend ist. Weil Handlungstheorien davon ausgehen müssen, dass gesellschaftliche Wirklichkeit das Resultat vollzogener Einzelhandlungen *ist* und Einzelhandlungen durch die je subjektiven Interpretationen dieser Wirklichkeit geprägt sind, können sie gesellschaftliche Strukturbildungsprozesse nur als Aggregation von Individualhandlungen und damit als Resultat einer ‚Gleichrichtung' der subjektiven Weltinterpretationen bzw. handlungsleitender Intentionalität rekonstruieren.[1]

An diesem Problem hatte sich bereits die ältere *Wissenssoziologie* als soziologische Reflexionstheorie abgearbeitet, allerdings lediglich mit einem ‚epistemologischen Kollektivismus' reagiert: Als *Ideologie* hat Karl Mannheim, auf den Luhmann dabei explizit eingeht (SS 651f.; 659.), die *Standort- und Interessengebundenheit* von Wahrheitsaussagen über soziale Wirklichkeit bezeichnet, insofern diese an die Weltanschauungen *sozialer Gruppen* rückgebunden sind. Luhmanns Kritik an dieser Form der Wissenssoziologie bezieht sich darauf, dass sie nicht selbstimplikativ in ihrem Gegenstandsbereich vorkommen kann (also in der Beobachterposition erster Ordnung verharrt) und sich einen privilegierten, weil ‚interessenlosen' Zugang zur sozialen Wirklichkeit zuschreibt. Sie muss das Problem der Selbstreferenz im eigenen Wirklichkeitsbezug letztlich ausklammern und kann deshalb auch nicht zum Problem der Erzeugung von Erkenntnis durch Interaktion vordringen.

Beschreibt man aber die Genese von Wirklichkeit von sozialen Systemen aus, dann können diese nicht nur als Umwelt beobachten, was nicht zu ihnen gehört, sondern sind zur Beobachtung der Bedingungen ihrer Beobachtungsfähigkeit in der Lage, indem sie die Unterscheidung zwischen Selbst- und Fremdrefe-

1 Max Webers Figur des „subjektiv gemeinten Sinns" als Gegenstand der verstehenden Soziologie oder auch Alfred Schütz' Sozialphänomenologie entfalten dieses Problem. Hinter Begriffen wie Zweck- bzw. Wertrationalität, Institution oder Norm sind die bekannten Versuche auszumachen, diese Gleichrichtung soziologisch zu erklären. Theorien rationaler Handlungswahl bzw. Varianten der Werterwartungstheorie (z. B. Hartmut Esser) machen aus der Not eine Tugend, indem sie das Phänomen gesellschaftlicher Strukturbildungen als Transintentionalitätseffekt definieren.

renz, die im System operativ mitläuft, für Reflexion, d. h. für Selbstbeobachtung und Selbstbeschreibung nutzen können – und das Wissenschaftssystem kann die Theorie selbstreferenzieller Systeme als *allgemeine* Erkenntnistheorie nutzen (vgl. SS 660).

Literatur

Descartes, René: Meditationes de Prima Philosophia, Stuttgart 1996

Luhmann, Niklas: Die Ausdifferenzierung von Erkenntnisgewinn. Zur Genese von Wissenschaft, in: Stehr, Nico und Volker, Meja (Hrsg.), Wissenssoziologie, Opladen 1981, S. 102–139 [Kölner Zeitschrift für Soziologie und Sozialpsychologie, Sonderheft 22].

Primär- und Sekundärliteratur

1. Primärtexte: Buchpublikationen

Verwaltungsfehler und Vertrauensschutz. Möglichkeiten gesetzlicher Regelung der Rücknehmbarkeit von Verwaltungsakten, hg. mit Becker, Franz, Berlin 1963

Funktionen und Folgen formaler Organisation, Berlin 1964, 3. Aufl. 1976

Öffentlich-rechtliche Entschädigung rechtspolitisch betrachtet, Berlin 1965

Grundrechte als Institution. Ein Beitrag zur politischen Soziologie, Berlin 1965, 3. Aufl. 1986

Recht und Automation in der öffentlichen Verwaltung. Eine verwaltungswissenschaftliche Untersuchung, Berlin 1966

Theorie der Verwaltungswissenschaft. Bestandsaufnahme und Entwurf, Köln/Berlin 1966

Vertrauen. Ein Mechanismus der Reduktion sozialer Komplexität, Stuttgart 1968, 2. erweiterte Aufl. 1973; engl. Übers., Chichester (Wiley) 1979; japan. Übers., Tokio (Mirai-shal) 1988

Zweckbegriff und Systemrationalität. Über die Funktion von Zwecken in sozialen Systemen, Tübingen 1968; Neudruck Frankfurt/M. 1973; jugoslawische Übers., Zagreb (Globus) 1981; span. Übers., Madrid (Editora Nacional) 1983; japan. Übers., Tokyo 1990. Japan. Übers. der 2. Aufl. Tokyo (Keiso) 1990

Legitimation durch Verfahren, Neuwied/Berlin 1969, 2. Aufl. 1975; Neudruck Frankfurt/M. 1983; portug. Übers., Brasilia (Editora Universidad de Brasilia) 1981; japan. Übers., Tokyo (Fukosha) 1991; kroatische Übers., Zagreb (Naprijed) 1992

Soziologische Aufklärung 1: Aufsätze zur Theorie sozialer Systeme, Köln/Opladen 1970; 4. Aufl. 1974; ital. Übers., Milano (Il Saggiatore) 1983; japan. Übers. (Auswahl), Tokyo (Shinsensha) 1983; span. Übers. (Auswahl), Buenos Aires (S.U.R.) 1973

Theorie der Gesellschaft oder Sozialtechnologie – Was leistet die Systemforschung? hg. mit Habermas, Jürgen, Frankfurt/M. 1971; ital. Übers., Milano (Etas Kompass) 1973; japan. Übers., Tokyo (Bokutaku-sha) 1985

Politische Planung. Aufsätze zur Soziologie von Politik und Verwaltung, Opladen 1971, 2. Aufl. 1975; ital. Übers. (Auswahl), Napoli (Guida) 1978

Rechtssoziologie, 2 Bde., Reinbek 1972; 2. erweiterte Aufl., Opladen 1983; engl. Übers., London (Routledge) 1985; ital. Übers., Roma (Laterza) 1977; japan. Übers., Tokyo (Iwanami Shoten) 1977; portug. Übers., Bd. 1, Rio de Janeiro (Tempo Brasiliero) 1983, Bd. 2 1985

Religion – System und Sozialisation, hg. mit Dahm, Karl-Wilhelm u. a., Neuwied 1972

Personal im öffentlichen Dienst. Eintritt und Karrieren, hg. mit Mayntz, Renate, Baden-Baden 1973

Rechtssystem und Rechtsdogmatik, Stuttgart 1974; ital. Übers., Bologna (Il Mulino) 1978; span. Übers., Madrid (Centro de Estudios Constitutionales) 1983; japan. Übers., Tokyo (Nilion Hyohron-slzu) 1988

Macht, Stuttgart 1975, 2. durchgesehene Aufl. 1988; engl. Übers., Chichester (Wilev) 1979; ital. Übers., Milano (Il Saggiatore) 1979; serbokroatische Teilübers., in: Nase Teme 23 (1979), S. 1260–1278; portug. Übers., Brasilia, Editora Universidade de Brasilia 1985; japan. Übers., Tokyo (Keiso Shobo) 1986

Soziologische Aufklärung 2: Aufsätze zur Theorie der Gesellschaft, Opladen 1975, 2. Aufl. 1982; japan. Übers. (Auswahl), Tokio (Shinsen-sha) 1986
Funktion der Religion, Frankfurt/M. 1977; engl. Übers. (S. 72–181), New York-Toronto (Edwin Mellen Press) 1984; japan. Übers., Tokyo (Shinsen-sha) 1989; ital. Übers., Brescia (Morcelliana) 1991
Organisation und Entscheidung, Vorträge G 232 der Rheinisch-Westfälischen Akademie der Wissenschaften, Opladen 1978
Theorietechnik und Moral, hg. mit Pfürtner, Stephan H., Frankfurt/M. 1978
Reflexionsprobleme im Erziehungssystem, Stuttgart 1979; Neudruck mit Nachwort, hg. mit Schorr, Karl-Eberhard, Frankfurt/M. 1988; ital. Übers., Roma (Armando) 1988
Gesellschaftsstruktur und Semantik. Studien zur Wissenssoziologie der modernen Gesellschaft, Bd. 1, Frankfurt/M. 1980; ital. Übers., Roma (Laterza) 1983; japan. Übers. (Kap. „Wie ist soziale Ordnung möglich?“), Tokyo (Bokutaku-sha) 1985
Politische Theorie im Wohlfahrtsstaat, München/Wien 1981; ital. Übers., Milano (Franco Angeli) 1983; engl. Übers., zusammen mit Aufsätzen aus Soziologische Aufklärung Bd. 4, Political Theory in the Welfare State, Berlin 1990
Gesellschaftsstruktur und Semantik: Studien zur Wissenssoziologie der modernen Gesellschaft, Bd. 2, Frankfurt/M. 1981; ital. Übers. (Auswahl), Rom (Laterza) 1985
Ausdifferenzierung des Rechts. Beiträge zur Rechtssoziologie und Rechtstheorie, Frankfurt/M. 1981; ital. Übers., Bologna (Il Mulino) 1990
Soziologische Aufklärung 3: Soziales System, Gesellschaft, Organisation, Opladen 1981
The Differentiation of Society, New York 1982
Potere e codice politico, Milano (Feltrinelli) 1982
Liebe als Passion. Zur Codierung von Intimität, Frankfurt/M. 1982; ital. Übers., Roma (Laterza) 1985; span. Übers., Barcelona (Edicions 62) 1985; engl. Übers., Cambridge (Polity Press) 1986; frz. Übers., Paris (Aubier) 1990; portug. Übers., Lissabon (Difel) 1991; sloven. Übers. (Kap. 1 und 2) 1991
Zwischen Technologie und Selbstreferenz. Fragen an die Pädagogik, hg. mit Schorr, Karl-Eberhard, Frankfurt/M. 1982
Paradigmawechsel in der Systemtheorie: Vorträge in Japan, Tokyo (Ochanomisu) 1983 (japanisch)
Etica e politica. Riflessioni sulla crisi del rapporto fra società e morale. Mailand 1984 (ital. Originalausgabe)
Soziale Systeme. Grundriß einer allgemeinen Theorie, Frankfurt/M. 1984; ital. Übers., Bologna (Il Mulino) 1990; span. Übers., Mexico DF (Allianza) 1991; frz. Übers., (Auszug Kap. 4) Reseaux 50 (1991), S. 131–156; jap. Übers., Tokyo (Koseitha Koseikaku) 1993; engl. Übers., Stanford (Stanford University Press) 1995; koreanische Übers., Seoul (Hangilsa) 2007
Kann die moderne Gesellschaft sich auf ökologische Gefährdungen einstellen? Vorträge. G 278 der Rheinisch-Westfälischen Akademie der Wissenschaften, Opladen 1985
Soziale Differenzierung. Zur Geschichte einer Idee. (Hg.), Opladen 1985
Die soziologische Beobachtung des Rechts, Frankfurt/M. 1986
Zwischen Intransparenz und Verstehen. Fragen an die Pädagogik, hg. mit Schorr, Karl-Eberhard, Frankfurt/M. 1986

Ökologische Kommunikation. Kann die moderne Gesellschaft sich auf ökologische Gefährdungen einstellen? Opladen 1986; japan. Übers., Tokyo (Shinsen-sha) 1988; ital. Übers., Milano (Franco Angeli) 1989; engl. Übers., Cambridge/Engl. (Polity Press) 1989; slov. Übers., (Kap. 16) 1990
Soziologische Aufklärung 4: Beiträge zur funktionalen Differenzierung der Gesellschaft, Opladen 1987; japan. Übers. von Kapitel 4, Tokyo (Hosei University Press) 1994
Archimedes und wir: Interviews, hg. von Baecker, Dirk und Stanitzek, Georg, Berlin 1987
Die Wirtschaft der Gesellschaft, Frankfurt/M. 1988; japan. Übers., Tokyo (Bunshindo) 1991
Erkenntnis als Konstruktion, Bern (Benteli) 1988
Gesellschaftsstruktur und Semantik: Studien zur Wissenssoziologie der modernen Gesellschaft, Bd. 3, Frankfurt/M. 1989
Reden und Schweigen, hg. mit Fuchs, Peter, Frankfurt/M. 1989; engl. Übers. von Kapitel 1 in: New German Critique 61 (1994), S. 25–37.
Beobachter. Konvergenz der Erkenntnistheorien? hg. mit Humberto Maturana u. a., München 1990
Risiko und Gefahr, Aulavorträge 48, St. Gallen 1990
Paradigm Lost. Über die ethische Reflexion der Moral, Frankfurt/M. 1990; engl. Übers., Thesis Eleven (1991), S. 82–94; japan. Übers., Tokyo (Kokubun-sha) 1992
Essays on Self-Reference, New York (Columbia U.P.) 1990
Soziologische Aufklärung, Bd. 5: Konstruktivistische Perspektiven, Opladen 1990
Die Wissenschaft der Gesellschaft, Frankfurt/M. 1990; engl. Übers. von Kapitel 10 in: New German Critique 61 (1994), S. 9–23.
Unbeobachtbare Welt. Über Kunst und Architektur, hg. mit Baecker, Dirk u. a., Bielefeld 1990
Zwischen Anfang und Ende. Fragen an die Pädagogik, hg. mit Schorr, Karl-Eberhard, Frankfurt/M. 1990
Soziologie des Risikos, Berlin 1991; span. Übers., Mexico (Universidad Iberamericana/Universidad de Guadalajara) 1992; engl. Übers., Berlin 1993; russ. Übers. von Kapitel 1 in: THESIS 5 (1994), 135–160.
Teoria della societa, hg. mit De Giorgio, Raffaele, Milano (Franco Angeli) 1992; span. Übers. (Mexico Universidad Iberoamericana/Universidad de Guadalajara) 1993
Beobachtungen der Moderne, Opladen 1992
Universität als Milieu, hg. von Kieserling, André, Bielefeld 1992
Zwischen Absicht und Person. Fragen an die Pädagogik, hg. mit Schorr, Karl-Eberhard, Frankfurt/M. 1992
Gibt es in unserer Gesellschaft noch unverzichtbare Normen? Heidelberg 1993
Das Recht der Gesellschaft, Frankfurt/M. 1993
„Was ist der Fall?“ und „Was steckt dahinter?“ Die zwei Soziologien und die Gesellschaftstheorie. Bielefelder Universitätsgespräche und Vorträge 3, hg. von der Presse- und Informationsstelle der Universität Bielefeld, Bielefeld 1993
Das Unbehagen an der Politik. Mangel an öffentlicher Kultur oder strukturelles Politikversagen? Heidelberg 1993
Die Ausdifferenzierung des Kunstsystems, Bern 1994
Die Realität der Massenmedien, Vorträge G 333 der Rheinisch-Westfälischen Akademie der Wissenschaften, Opladen 1995
Soziologische Aufklärung 6: Die Soziologie und der Mensch, Opladen 1995
Autopoiesis II, Udvalgte Tekster af Niklas Luhmann, Kopenhagen 1995 (dän. Originalausgabe)

Die Kunst der Gesellschaft, Frankfurt/M. 1995
Gesellschaftsstruktur und Semantik. Studien zur Wissenssoziologie der modernen Gesellschaft, Bd. 4. Frankfurt/M. 1995
Die Realität der Massenmedien, Opladen 1995. 2. erweiterte Auflage, Opladen 1996
Zwischen System und Umwelt. Fragen an die Pädagogik, hg. mit Schorr, Karl-Eberhard, Frankfurt/M. 1996
Die neuzeitlichen Wissenschaften und die Phänomenologie, Wien 1996
Protest. Systemtheorie und soziale Bewegung, hg. von Hellmann, Kai-Uwe, Frankfurt/M. 1996
Introdución a la teoría de sistemas. Lecciones publicadas par Javier Torres Nafarrate, Barcelona 1996 (span. Originalausgabe)
Teoría de la sociedad y pedagogía. Barcelona/Buenos Aires 1996
Modern Society Shocked by its Risks, Hongkong 1996
Die neuzeitlichen Wissenschaften und die Phänomenologie, Wien 1996
Bildung und Weiterbildung im Erziehungssystem. Lebenslauf und Humanontogenese als Medium und Form, hg. mit Lenzen, Dieter, Frankfurt/M. 1997
Die Gesellschaft der Gesellschaft, Frankfurt/M. 1997; span. Übers., Mexiko 2007; russ. Übers., Moskau 2009; engl. Übers., Stanford, CA (Stanford UP), 2012/13
Iagttagelse og paradoks. Essays om autopoieske systemer, Kopenhagen 1997
Organisation und Entscheidung, hg. von Baecker, Dirk, Opladen/Wiesbaden 2000
Die Politik der Gesellschaft, hg. von Kieserling, André, Frankfurt/M. 2000
Die Religion der Gesellschaft, hg. von Kieserling, André, Frankfurt/M. 2000
Short Cuts, hg. von Gente, Peter u. a., Frankfurt/M. 2000
Problems of Reflection in the System of Education, hg. mit Schorr, Karl-Eberhard, Münster/New York/München/Berlin 2000
Aufsätze und Reden, hg. von Jahraus, Oliver, Stuttgart 2001
Das Erziehungssystem der Gesellschaft, hg. von Lenzen, Dieter, Frankfurt/M. 2002 [Mit zahlreichen Faksimiles des Manuskripts]
Einführung in die Systemtheorie, hg. von Baecker, Dirk, Heidelberg 2002 [Transkript der Vorlesung im Wintersemester 1991/92]
Einführung in die Theorie der Gesellschaft, hg. von Baecker, Dirk, Heidelberg 2005 [Transkript der Vorlesung im Wintersemester 1992/93]
Theories of Distinction. Rediscribing the Description of Modernity, hg. von Rasch, William, Stanford 2002
Schriften zur Pädagogik, hg. von Lenzen, Dieter, Frankfurt/M. 2004
Das Kind als Medium der Erziehung, Frankfurt/M. 2006
Ideenevolution. Beiträge zur Wissenssoziologie, hg. von Kieserling, André 2008
Die Moral der Gesellschaft, hg. und mit einem Nachwort von Horster, Detlef, Frankfurt/M. 2008
Schriften zur Kunst und Literatur, hg. und mit einem Nachwort von Werber, Niels, Frankfurt/M. 2008
Liebe. Eine Übung, hg. von Kieserling, André, Frankfurt/M. 2008
Politische Soziologie, hg. von Kieserling, André, Berlin 2010
Macht im System, hg. von Kieserling, André, Berlin 2012

2. Primärtexte: Aufsätze

Ein Verzeichnis von Luhmanns Aufsätzen findet sich in der Reihenfolge ihres Erscheinens in: Oliver Jahraus u. a. (Hg.): Luhmann-Handbuch, Stuttgart 2012, S. 445–460.

3. Ausgewählte Sekundärliteratur, alphabetisch nach Autorennamen

Assheuer, Thomas, Ein Magier der Sachlichkeit. Zum siebzigsten Geburtstag des Soziologen Niklas Luhmann, in: DIE ZEIT Nr. 50 vom 5. Dezember 1997, S. 66.

Baecker, Dirk: „Explosivstoff Selbstreferenz“: Eine Paraphrase zu Niklas Luhmann, Soziale Systeme: Grundriß einer allgemeinen Theorie, in: Archiv für Rechts- und Sozialphilosophie 72 (1986), S. 246–256.

Baecker, Dirk u. a. (Hg.): Theorie als Passion. Niklas Luhmann zum 60. Geburtstag, Frankfurt/M. 1987

Baecker, Dirk u. a. (Hg.): Systemtheorie für Wirtschaft und Unternehmen, in: Soziale Systeme. Zeitschrift für soziologische Theorie, 5. Jg. (1/1999)

Baecker, Dirk: Niklas Luhmann in der Gesellschaft der Computer, in: Merkur, 55. Jg. (7/2001), S. 597–609.

Baecker, Dirk: Wozu Systeme? Berlin 2002

Baecker, Dirk: Form und Formen der Kommunikation, Frankfurt/M. 2005

Baecker, Dirk u. a. (Hg.): Zehn Jahre danach: Niklas Luhmanns „Die Gesellschaft der Gesellschaft“, Stuttgart 2007

Baecker, Dirk: Niklas Luhmann, in: ders., Nie wieder Vernunft: Kleinere Beiträge zur Sozialkunde, Heidelberg 2009, S. 456–466.

Baecker, Dirk u. a. (Hg.): Luhmann Lektüren, Berlin 2010

Baecker, Dirk: System, in: Bermes, Christian u. a. (Hg.): Schlüsselbegriffe der Philosophie des 20. Jahrhunderts, Archiv für Begriffsgeschichte, Sonderheft 6, Hamburg 2010, S. 389–405.

Baecker, Dirk: Die Texte der Systemtheorie, in: Ochs, Matthias u. a. (Hg.): Handbuch Forschung für Systemiker, Göttingen 2012, S. 153–186.

Bahners, Patrick: Des Teufels Generalist. „Ich denke primär historisch“ – Niklas Luhmann, Soziologie des Risikos und Historiker der Sorglosigkeit, in: Frankfurter Allgemeine Zeitung Nr. 301 vom 29. Dezember 1992, S. 25.

Bahners, Patrick: Bleibe dir unsichtbar. Die Forschung nicht befruchten: Luhmann war ein Dichter, in: Frankfurter Allgemeine Zeitung Nr. 268 vom 18. November 1998, S. N 5.

Baier, Horst: Soziologie als Aufklärung – oder die Vertreibung der Transzendenz aus der Gesellschaft. Niklas Luhmann zum 60. Geburtstag, Konstanz 1989

Baraldi, Claudio/Corsi, Giancarlo/Esposito, Elena: GLU. Glossar zu Niklas Luhmanns Theorie sozialer Systeme, Frankfurt/M. 1997

Bardmann, Theodor M.: Rhetorik als Irritation der Politik: z. B. Niklas Luhmann, in: Kopperschmidt, Josef (Hg.): Politik und Rhetorik. Funktionsmodelle Politischer Rede, Opladen 1995, S. 239–267.

Bardmann, Theodor M. u. a. (Hg.): „Gibt es eigentlich den Berliner Zoo noch?“ Erinnerungen an Niklas Luhmann, Konstanz 1999

Bardmann, Theodor M./Lambrecht, Alexander: „Systemtheorie verstehen“. CD-ROM mit Lehrbuch. Westdeutscher Verlag, Wiesbaden 1999

Becker, Frank/Reinhardt-Becker, Elke: Systemtheorie. Eine Einführung für die Geschichts- und Kulturwissenschaften, Frankfurt/M. u. a. 2001

Becker, Frank (Hg.): Geschichte und Systemtheorie. Frankfurt/M. 2004

Bendel, Klaus: Funktionale Differenzierung und gesellschaftliche Rationalität. Zu Niklas Luhmanns Konzeption des Verhältnisses von Selbstreferenz und Koordination in modernen Gesellschaften, in: Zeitschrift für Soziologie 22. Jg. (1993), S. 261–278.

Bendel, Klaus: Selbstreferenz, Koordination und gesellschaftliche Steuerung. Zur Theorie der Autopoiesis sozialer Systeme bei Niklas Luhmann, Pfaffenweiler 1993

de Berg, Henk u. a. (Hg.): Differenzen. Systemtheorie zwischen Dekonstruktion und Konstruktivismus, Bingen/Basel 1995

de Berg, Henk u. a. (Hg.): Rezeption und Reflexion. Zur Resonanz der Systemtheorie außerhalb der Soziologie, Frankfurt/M. 2000

Berghaus, Margot: Luhmann leicht gemacht, Wien 2004

Berndsen, Thomas: Von Handlung zu Kommunikation: Zur paradigmatischen Bedeutung von Kommunikation in neueren soziologischen Theorien; diskutiert am Beispiel des Schulunterrichts, Frankfurt/M. 1991

Binczek, Natalie: Im Medium der Schrift. Zum dekonstruktiven Anteil in der Systemtheorie Niklas Luhmanns, München 2000

Bitter, Anke/Zielke, Anne: Es kann nur eine geben. Kommunikation ist alles – Niklas Luhmann beschreibt die ‚Gesellschaft der Gesellschaft', in: Süddeutsche Zeitung Nr. 165 vom 21. Juli 1997, S. 9.

Bohn, Cornelia u. a. (Hg.): Welterzeugung durch Bilder. Themenheft der Zeitschrift Soziale Systeme, 18. Jg. (1 + 2/2012)

Bohnen, Alfred: Die Systemtheorie und das Dogma von der Irreduzibilität des Sozialen, in: Zeitschrift für Soziologie, 42. Jg. (4/1994), S. 292–305.

Borch, Christian: Niklas Luhmann. London/New York 2011

Brandhoff, Boris: Autopoietic Systems, Not Corporate Actors: A Sketch of Niklas Luhmann's Theory of Organisations, in: European Business Organization Law Review, 10. Jg. (2/2009), S. 307–322.

Brodbeck, Karl-Heinz: Wirtschaft als autopoietisches System? Anmerkungen zu N. Luhmanns Buch „Die Wirtschaft der Gesellschaft“, in: Zeitschrift für Politik, 38. Jg. (1991), S. 317–326.

Bruckmeier, Karl: Kritik der Organisationsgesellschaft. Wege der systemtheoretischen Auflösung der Gesellschaft von M. Weber, Parsons, Luhmann und Habermas, Münster 1988

Brunkhorst, Hauke: Abschied von Alteuropa. Die Gefährdung der Moderne und der Gleichmut des Betrachters – Niklas Luhmanns monumentale Studie über die „Gesellschaft der Gesellschaft“, in: Die Zeit Nr. 25 vom 13. Juni 1997, S. 50. [Besprechung von „Die Gesellschaft der Gesellschaft“]

Bubner, Rüdiger: Dialektik und Wissenschaft, 2. Aufl., Frankfurt/M. 1974

Bubner, Rüdiger: Geschichtsprozesse und Handlungsnormen. Untersuchungen zur praktischen Philosophie, Frankfurt/M. 1984

Cevolini, Alberto: Die Episodisierung der Gesellschaft, in: Soziale Systeme, Jg. 13 (2007), Heft 1 + 2, S. 136–148.

Dallmann, Hans-Ulrich: Die Systemtheorie Niklas Luhmanns und ihre theologische Rezeption, Stuttgart 1994

Dammann, Klaus u. a. (Hg.): Die Verwaltung des politischen Systems: neuere systemtheoretische Zugriffe auf ein altes Thema. Mit einem Gesamtverzeichnis der Veröffentlichungen Niklas Luhmanns 1958–1992, Opladen 1994 (Festschrift zum 65. Geburtstag von Niklas Luhmann)

Dammann, Klaus (Hg.): Wie halten Sie's mit Außerirdischen, Herr Luhmann? Nicht unmerkwürdige Gespräche mit Niklas Luhmann, Berlin 2013

Dieckmann, Johann: Luhmann-Lehrbuch, München 2004

Drepper, Thomas: Organisation der Gesellschaft. Gesellschaft und Organisation in der Systemtheorie Niklas Luhmanns, Wiesbaden 2003

Elder-Vass, Dave: Luhmann and Emergentism: Competing Paradigms for Social Systems Theory? in: Philosophy of the Social Sciences 37 (4/2007), S. 408–432.

Esposito, Elena: Soziales Vergessen. Formen und Medien des Gedächtnisses der Gesellschaft, Frankfurt/M. 2002

Esposito, Elena: Die Fiktion der wahrscheinlichen Realität, Frankfurt/M. 2007

Emmerich, Marcus/Hormel, Ulrike: Heterogenität – Diversity – Intersektionalität. Zur Logik sozialer Unterscheidungen in pädagogischen Semantiken der Differenz, Wiesbaden 2013

Fetscher, Caroline: Theoretischer Minimalist mit maximalen Zielen. Niklas Luhmann, Soziologe und Philosoph, sucht nach der kristallinen Sprache nüchterner, voraussetzungsloser Betrachtung der Gesellschaft. Heute wird der Bielefelder Denker siebzig, in: Der Tagesspiegel, Berlin Nr. 16185 vom 8. Dezember 1997, S. 25.

Fuchs, Peter: Niklas Luhmann – beobachtet. Eine Einführung in die Systemtheorie, Opladen 1992

Fuchs, Peter: Menschen als Umwelt. Das furiose Finale: Niklas Luhmanns „Die Gesellschaft der Gesellschaft" krönt ein dreißigjähriges Projekt zur systemischen Gesellschaftstheorie am Ende des zweiten Jahrtausends. Wer oder was ist die Gesellschaft? Besprechung von „Die Gesellschaft der Gesellschaft", in: die tageszeitung Nr. 527C vom 5./6. Juli 1997, S. 13–14.

Fuchs, Peter: Man muß schmunzeln können. Wenn das Eis von den Wänden bröckelte. Niklas Luhmann konnte das Klima einer durch Wissen gedeckten Provokation erzeugen. Eine persönliche Erinnerung an den großen Soziologen und Menschen Niklas Luhmann, der am 6. November gestorben ist, in: die tageszeitung Nr. 568C vom 14./15. November 1998, S. 13.

Fuchs, Peter u. a. (Hg.): Der Mensch – das Medium der Gesellschaft?, Frankfurt/M. 1994

Fuchs, Peter: Die Metapher des Systems, Studie zur allgemein leitenden Frage, wie sich der Tanz vom Tänzer unterscheiden lasse, Weilerswist 2001

Fuchs, Peter: Der Sinn der Beobachtung. Begriffliche Untersuchungen, 2. Aufl., Weilerswist 2004

Fuchs, Peter/Wörz, Michael: Die Reise nach Wladiwostok. Eine systemtheoretische Exkursion, Weil der Stadt 2004

Fuchs, Peter: Die Psyche. Studien zur Innenwelt der Außenwelt der Innenwelt, Weilerswist 2005

Füllsack, Manfred: Geltungsansprüche und Beobachtungen zweiter Ordnung. Wie nahe kommen sich Diskurs- und Systemtheorie? in: Soziale Systeme, 4. Jg. (1/1998), S. 185–198.

Gensicke, Dietmar: Luhmann – Grundwissen Philosophie, Stuttgart 2008

Gerhards, Jürgen: Wahrheit und Ideologie: Eine kritische Einführung in die Systemtheorie von Niklas Luhmann, Köln 1984

Geyer, Christian: Erkenne dich selbst. Die Forschung desavouieren: War Luhmann ein Soziologie? in: Frankfurter Allgemeine Zeitung Nr. 268 vom 18. November 1998, S. N 5.

Göbel, Andreas: Theoriegenese als Problemgenese. Eine problemgeschichtliche Rekonstruktion der soziologischen Systemtheorie Niklas Luhmanns, Konstanz 2000
Gras, Alain: Quelques mols elés de la sociologie de Niklas Luhmann, in: Cahiers internationaux de sociologie, Vol. 89 (1990), S. 389 ff.
Greshoff, Rainer/Schimank, Uwe: Integrative Sozialtheorie? Esser, Luhmann, Weber, Wiesbaden 2006
Greshoff, Rainer: Ohne Akteure geht es nicht! Oder: Warum die Fundamente der Luhmannschen Sozialtheorie nicht tragen, in: Zeitschrift für Soziologie 37. Jg. (6. Jg. neu) 2008, S. 450–469.
Greve, Jens: „Zur Reduzibilität und Irreduzibilität des Sozialen in der Handlungs- und der Systemtheorie", in: Themenheft der Zeitschrift Soziale Systeme, 18. Jg. (1 + 2/2012), S. 21–31.
Gripp-Hagelstange, Helga: Niklas Luhmann: Eine erkenntnistheoretische Einführung, München 1995
Gripp-Hagelstange, Helga (Hg.): Niklas Luhmanns Denken. Interdisziplinäre Einflüsse und Wirkungen, Konstanz 2000
Gumbrecht, Hans Ulrich: Die Unwahrscheinlichkeit der Welt. Ein Leben im Paradox: Zum Tode des großen Soziologen Niklas Luhmann, in: DIE ZEIT Nr. 48 vom 19. November 1998, S. 58.
Gumbrecht, Hans Ulrich: Über Niklas Luhmanns intellektuelles Vermächtnis, in: Merkur, 688. Jg. (2006), S. 696–706.
Habermas, Jürgen: Der philosophische Diskurs der Moderne, Frankfurt/M. 1985, S. 426–445.
Häfele, Walter: Systemische Organisationsentwicklung. Eine evolutionäre Strategie für kleinere und mittlere Organisationen, Frankfurt/M. u. a. 1993
Haferkamp, Hans/Schmid, Michael: Sinn, Kommunikation und soziale Differenzierung. Beiträge zu Luhmanns Theorie sozialer Systeme, Frankfurt/M. 1987
Hagen, Wolfgang (Hg.): Warum haben Sie keinen Fernseher, Herr Luhmann? – Letzte Gespräche mit Niklas Luhmann: Dirk Baecker, Norbert Bolz, Wolfgang Hagen, Alexander Kluge, Berlin 2004
Hagen, Wolfgang (Hg.): Was tun, Herr Luhmann? Vorletzte Gespräche mit Niklas Luhmann, Berlin 2009
Hahn, Alois: Sinn und Sinnlosigkeit, in: Haferkamp, Hans u. a. (Hg.): Sinn, Kommunikation und soziale Differenzierung. Beiträge zu Luhmanns Theorie sozialer Systeme, Frankfurt/M. 1987, S. 155–164.
Hahn, Alois: Kontingenz und Kommunikation, in: von Graevenitz, Gerhart u. a. (Hg.): Kontingenz. Poetik und Hermeneutik. Bd. XVII, München 1998, S. 493–523.
Hahn, Alois: Die Systemtheorie Wilhelm Diltheys, in: Berliner Journal für Soziologie, 9. Jg. (1/1999) S. 5–24.
Hahn, Alois: Ist Kultur ein Medium? in: ders., Körper und Gedächtnis, Wiesbaden 2010, S. 197–210.
Hahn, Alois: Funktionale und stratifikatorische Differenzierung und ihre Rolle für die gepflegte Semantik, in: Kölner Zeitschrift für Soziologie und Sozialpsychologie, 33. Jg. (Heft 2/1981), S. 345–360.
Heidenescher, Mathias: Zurechnung als soziale Kategorie. Zu Luhmanns Verständnis von Handlung als Systemleistung, in: Zeitschrift für Soziologie, 21. Jg. (1992), S. 440–455.
Helmstetter, Rudolf: Die weißen Mäuse des Sinns. Luhmanns Humorisierung der Wissenschaft der Gesellschaft. in: Merkur, 47. Jg. (1993), S. 601–619.

Hengstler, Wilhelm: Sozialtechnologie oder faustischer Gewaltakt? „Die Gesellschaft der Gesellschaft" ist das opus magnum des Niklas Luhmann. Der gerade 70 Jahre alt gewordene Altmeister der Soziologie kommt darin freilich auch um Widersprüche nicht herum, in: Kleine Zeitung (Graz) Nr. 285 vom 10. Dezember 1997, S. 4.

Hörmann, Georg (Hg.): Im System gefangen. Zur Kritik systemischer Konzepte in den Sozialwissenschaften, Münster 1994

Horster, Detlef: Niklas Luhmann, München 1997, 2. Auflage 2005

Horster, Detlef: Niklas Luhmann: Was unsere Gesellschaft im Innersten zusammenhält, in: Jochem Hennigfeld und Heinz Jahsohn (Hg.), Philosophen der Gegenwart, Darmstadt 2005, S. 179–197 (zugleich als Hörbuch).

Horster, Detlef: Besprechung der Gesamtausgabe von Niklas Luhmanns Gesellschaftstheorie, in: information philosophie, 31. Jg. (3/2003), S. 39–41.

Horster, Detlef: Luhmann und die nächste Gesellschaft, in: Tiberius, Victor (Hg): Zukunftsgenese. Theorien des zukünftigen sozialen Wandels, Wiesbaden 2012, S. 107–127.

Huber, Christina: Systemtheorie, sozialwissenschaftlich: Luhmann, in: Horster, Detlef u. a. (Hg.): Wissenschaftstheorie. Behinderung, Bildung und Partizipation – Enzyklopädisches Handbuch der Behindertenpädagogik, Band 1, Stuttgart 2010, S. 179–186.

Izuzquiza, Ignacio: Niklas Luhmann ou la société sans hommes, in: Cahiers internationaux de sociologie, 89. Jg. (1990), S. 377 ff.

Jahraus, Oliver: Theorieschleife, Systemtheorie, Dekonstruktion und Medientheorie, Wien 2001

Jahraus, Oliver (Hg.): Theorie – Prozess – Selbstreferenz. Systemtheorie und transdisziplinäre Theoriebildung, Konstanz 2003

Jahraus, Oliver u. a. (Hg.): Luhmann-Handbuch. Leben – Werk – Wirkung, Stuttgart 2012

Kahlert, Heike u. a. (Hg.): Zeitgenössische Gesellschaftstheorien und Genderforschung. Einladung zum Dialog, Wiesbaden 2013

Kaube, Jürgen: Der Spätauswickler. Antiantiquarisch denken: Niklas Luhmann zum Siebzigsten, in: Frankfurter Allgemeine Zeitung Nr. 285 vom 8. Dezember 1997, S. 41.

Kaube, Jürgen: Zettels Abschied. Die Aufklärung, das Zeitalter Münchhausens: Zum Tod des Soziologen Niklas Luhmann, in: Frankfurter Allgemeine Zeitung Nr. 263 vom 12. November 1998, S. 43.

Kieserling, André: Systemtheorie, in: Gosepath, Stefan u. a. (Hg.): Handbuch der Politischen Philosophie und der Sozialphilosophie, Band 2, Berlin 2008, S. 1313–1318.

Kiss, Gabor: Grundzüge und Entwicklung der Luhmannschen Systemtheorie, Stuttgart 1986

Klemm, Helmut: Mysterien eines denkenden Zettelkastens. Niklas Luhmanns legendäres Hauptwerk soll entmystifiziert werden, in: Süddeutsche Zeitung am Wochenende Nr. 47 vom 26./27. Februar 2000, S. II.

Klimpel, Andreas/de Carnee, Georg: Systemtheoretische Weltbilder zur Gesellschaftstheorie bei Parsons und Luhmann, Berlin: Univ.-Bibliothek d. Techn. Univ., Abt. Publ., 1983

Kneer, Georg/Nassehi, Armin: Niklas Luhmanns Theorie sozialer Systeme: eine Einführung, München 1993

Knudsen, Sven-Eric: Luhmann und Husserl – Systemtheorie im Verhältnis zur Phänomenologie, Würzburg 2006

Königswieser, Roswita u. a. (Hg.): Das systemisch evolutionäre Management, Wien 1992

Konopka, Melitta: Das psychische System in der Systemtheorie Niklas Luhmanns, Frankfurt/M. u. a. 1996

Krämer, Sybille: Form als Vollzug oder: Was gewinnen wir mit Niklas Luhmanns Unterscheidung von Medium und Form? in: Rechtshistorisches Journal, 17. Jg. (1998), S. 558–573.

Krause, Detlef: Luhmann-Lexikon. Eine Einführung in das Gesamtwerk von Niklas Luhmann mit 25 Abbildungen und über 400 Stichworten, Stuttgart 1996

Krawietz, Werner u. a. (Hg.): Kritik der Theorie sozialer Systeme, Frankfurt/M. 1992

Künzler, Jan: Medien und Gesellschaft. Die Medienkonzepte von Talcott Parsons, Jürgen Habermas und Niklas Luhmann, Stuttgart 1989

Künzler, Jan: Interpenetration bei Parsons und Luhmann. Von der Integration zur Produktion von Unordnung, in: System Familie, 3. Jg. (1990), S. 157–171.

Lee, Daniel B./Brosziewski, Achim: Observing Society. Meaning, Communication, and Social Systems, Amherst/New York 2009

Lehmann, Maren: Theorie in Skizzen, Berlin 2011

Lehmann, Maren: Mit Individualität rechnen. Karriere als Organisationsproblem, Weilerswist 2011

Lenzen, Dieter (Hg.): Irritationen im Erziehungssystem. Pädagogische Resonanzen auf Niklas Luhmann, Frankfurt/M. 2004

Lewandowski, Sven: Sexualität in den Zeiten funktionaler Differenzierung: Eine systemtheoretische Analyse, Bielefeld 2004

Lewandowski, Sven: Die Pornographie der Gesellschaft: Beobachtungen eines populärkulturellen Phänomens, Bielefeld 2012

Liekweg, Tania: Strukturelle Kopplung von Funktionssystemen „über" Organisationen, in: Soziale Systeme, 7. Jg. (Heft 2/2001), S. 267–289.

Lohse, Simon: Zur Emergenz des Sozialen bei Niklas Luhmann, in: Zeitschrift für Soziologie, 40. Jg. (3/2011), S. 190–207.

Marius, Benjamin/Jahraus, Oliver: Systemtheorie und Dekonstruktion. Die Supertheorien Niklas Luhmanns und Jaques Derridas im Vergleich, Siegen 1997

Martens, Will: Organisation, Macht und Kritik, in: Küpper, Willi u. a. (Hg.): Mikropolitik: Rationalität, Macht und Spiele in Organisationen, Opladen 1988, S. 187–215.

Martens, Will: Die Autopoiesis sozialer Systeme, in: Kölner Zeitschrift für Soziologie und Sozialpsychologie, 43. Jg. (4/1991), S. 625–646.

Martens, Will: Die partielle Überschneidung autopoietischer Systeme. Eine Erwiderung, in: Kölner Zeitschrift für Soziologie und Sozialpsychologie, 44. Jg. (1/1992), S. 143–145.

Menges, Reinhard: Systemwissenschaft im Unterricht: „Ökologische Kommunikation" als exemplarische Einführung, Essen 1991

Merz-Benz, Peter Ulrich (Hg.): Die Logik der Systeme. Zur Kritik der systemtheoretischen Soziologie Niklas Luhmanns, Konstanz 2000

Metzner, Andreas: Probleme sozio-ökologischer Systemtheorie. Natur und Gesellschaft in der Soziologie Luhmanns, Opladen 1993

Moeller, Hans-Georg: Luhmann Explained, From Souls to Systems, Chicago 2006

Müller, Julian: Differenz, Differenzierung, in: Jahraus, Oliver u. a. (Hg.), Luhmann Handbuch, Stuttgart 2012, S. 73–75.

Nahamowitz, Peter: Effektivität wirtschaftsrechtlicher Steuerung. Ein Beitrag zur Autopoiesis-Debatte, in: Kritische Justiz, 20. Jg. (1987), S. 411–433.

Nassehi, Armin: Gesellschaftstheorie und empirische Forschung. Über die „methodologischen Vorbemerkungen", in: Soziale Systeme. Zeitschrift für soziologische Theorie, 4. Jg. (1/1998), S. 199–206.
Nassehi, Armin/Nollmann, Gerd (Hg.): Bourdieu und Luhmann – Ein Theorievergleich, Frankfurt/M. 2004
Nassehi, Armin: Die Zeit der Gesellschaft. Auf dem Weg zu einer soziologischen Theorie der Zeit. Neuauflage mit einem Beitrag „Gegenwarten", Wiesbaden 2008
Nassehi, Armin: Wie weiter mit Niklas Luhmann? (hg. vom Hamburger Institut für Sozialforschung), Hamburg 2008
Nassehi, Armin: Luhmann und Husserl, in: Oliver Jahraus u. a. (Hg.): Luhmann-Handbuch, Stuttgart 2012, S. 13–18.
Neckel, Sighard/Wolf, Jürgen: The Fascination of Amorality: Luhmann's Theory of Morality and its Resonances among German Intellectuals, in: Theory, Culture & Society. Explorations in Critical Social Science, 11. Jg. (2/1994), S. 69–99. [Gekürzte deutsche Fassung unter dem Titel „Die Faszination der Amoralität. Zur Systemtheorie der Moral, mit Seitenblick auf ihre Resonanzen", in: PROKLA, 18. Jg., (70/1988), S. 57–77.]
Nitsche, Lilli: Backsteingiebel und Systemtheorie: Niklas Luhmann – Wissenschaftler aus Lüneburg, Gifkendorf-Vastorf 2011
Oexle, Otto Gerhard: Luhmanns Mittelalter, in: Rechtshistorisches Journal, 10. Jg. (1991), S. 53–66.
Pasero, Ursula u. a. (Hg.): Frauen, Männer, Gender Trouble. Systemtheoretische Essays, Frankfurt/M. 2003
Pfütze, Hermann: Theorie ohne Bewußtsein. Zu Niklas Luhmanns Gedankenkonstruktion, in: Merkur, 42. Jg. (4/1988), S. 300–314.
Podak, Klaus: Ohne Subjekt, ohne Vernunft. Bei der Lektüre von Niklas Luhmanns Hauptwerk „Soziale Systeme", in: Merkur, 38. Jg. (7/1984), S. 733–753.
Podak, Klaus: Wir können unseren Augen nicht trauen. Wie man lernt, komplexer zu denken: Niklas Luhmann und seine epochale Theorie der Gesellschaft, in: Süddeutsche Zeitung am Wochenende Nr. 281 vom 6./7. Dezember 1997, S. I.
Pollack, Detlef: Möglichkeiten und Grenzen einer funktionalen Religionsanalyse. Zum religionssoziologischen Ansatz Niklas Luhmanns, in: Deutsche Zeitschrift für Philosophie, 39. Jg. (9/1991), S. 957–975.
Rasch, William: Niklas Luhmann's Modernity: The Paradoxes of Differentiation, Stanford 2000
Rasch, William u. a. (Hg.): Observing Complexity: Systems Theory and Postmodernity, Minnesota 2000
Rasch, William, Introduction: The Form of the Problem, in: Soziale Systeme, 14. Jg. (1/2008), S. 3–17.
Reckwitz, Andreas: Die Grenzen des Sozialen und die Grenzen der Moderne. Niklas Luhmann, die Kulturtheorien und ihre normativen Motive, in: Mittelweg 36. Zeitschrift des Hamburger Instituts für Sozialforschung, 12. Jg. (4/2003) S. 61–79.
Reese-Schäfer, Walter: Luhmann zur Einführung, Hamburg 1992
van Reijen, Willem: Die Funktion des Sinnbegriffes in der Phänomenologie und in der Systemtheorie von N. Luhmann. Ein Diskussionsbeitrag zur Wahrheitsfrage in der Phänomenologie und ihrer Transformation in der Systemtheorie, in: Kant-Studien, 70. Jg. (3/1979), S. 313–323.

Rombach, Heinrich: Phänomenologie des sozialen Lebens. Grundzüge einer Phänomenologischen Soziologie, Freiburg/München 1994, S. 253–269.

Saake, Irmhild: Theorien der Empirie. Zur Spiegelbildlichkeit der Bourdieuschen Theorie der Praxis und der Luhmannschen Systemtheorie, in: Nassehi, Armin u. a. (Hg.): Bourdieu und Luhmann. Ein Theorienvergleich, Frankfurt/M. 2004, S. 85–117.

Schimank, Uwe: Handeln und Strukturen, München 2000

Schlüter, Christian: Springteufel der Kontingenz. Selbstgespräche eines Zettelkastens. Niklas Luhmann über Organisation, Politik und Religion, in: DIE ZEIT, Nr. 51 vom 14. Dezember 2000, S. 34.

Schneider, Wolfgang Ludwig: Objektives Verstehen. Rekonstruktion eines Paradigmas: Gadamer, Popper, Toulmin, Luhmann, Opladen 1991

Schneider, Wolfgang Ludwig: Wie ist Kommunikation ohne Bewusstseinseinschüsse möglich? Eine Antwort auf Rainer Greshoffs Kritik der Luhmannschen Kommunikationstheorie. Zeitschrift für Soziologie, 37. Jg. (6/2008), S. 470–479.

Schützeichel, Rainer: Sinn als Grundbegriff bei Niklas Luhmann, Frankfurt/M./New York 2003

Schuldt, Christian: Systemtheorie, Hamburg 2003

Schulte, Günter: Der blinde Fleck in Luhmanns Systemtheorie, Frankfurt/M. 1993

Schwanitz, Dietrich: Die Welt ist ein Tanz auf dem Seil. Trocken lachen, Minen legen, bockig sein – eine Erinnerung an den im November gestorbenen Systemtheoretiker und Menschen Niklas Luhmann, in: Die Welt Nr. 290/Die Literarische Welt vom 12. Dezember 1998, S. 3.

Schwinn, Thomas: Funktion und Gesellschaft. Konstante Probleme trotz Paradigmenwechsel in der Systemtheorie Niklas Luhmanns, in: Zeitschrift für Soziologie, 24. Jg. (3/1995), S. 196–214.

Simon, Fritz B.: Die Form der Psyche. Psychoanalyse und neuere Systemtheorie, in: Psyche, 48. Jg. (1994), S. 50–79.

Simon, Fritz B./Rech-Simon, Christel: Zirkuläres Fragen. Systemische Therapie in Fallbeispielen: Ein Lernbuch, 5. Aufl., Heidelberg 2003

Simon, Fritz B.: Einführung in Systemtheorie und Konstruktivismus, 6. Aufl. Heidelberg 2012

Soentgen, Jens: Der Bau. Betrachtungen zu einer Metapher der Luhmannschen Systemtheorie, in: Zeitschrift für Soziologie, 21. Jg. (1992), S. 456–466.

Spaemann, Robert: Laudatio zur Hegel-Preis-Verleihung an Luhmann, in: Niklas Luhmann, Paradigm lost: Über die ethische Reflexion der Moral, Frankfurt/M. 1990, S. 47–73.

Stark, Carsten: Autopoiesis und Integration: eine kritische Einführung in die Luhmannsche Systemtheorie, Hamburg 1994

Stäheli, Urs: Sinnzusammenbrüche. Eine dekonstruktive Lektüre von Niklas Luhmanns Systemtheorie, Weilerswist 2000

Stichweh, Rudolf (Hg.): Niklas Luhmann – Wirkungen eines Theoretikers. Gedenkcolloquium der Universität Bielefeld am 8. Dezember 1998, Bielefeld 1999

Stichweh, Rudolf: Niklas Luhmann, in: Kaessler, Dirk (Hg.): Klassiker der Soziologie, Band 2, München 1999, S. 206–229.

Stichweh, Rudolf: Systems Theory as an Alternative to Action Theory? The Rise of ‚Communication' as a Theoretical Option, in: Acta Sociologica 43. Jg. (1/2000), S. 5–13.

Taschwer, Klaus: Das Spiel von hot und cool, in: Falter. Zeitschrift für Kultur und Politik 17. Jg. (23/1995), S. 66 f.

Thome, Helmut: Soziologische Wertforschung. Ein von Niklas Luhmann inspirierter Vorschlag für eine engere Verknüpfung von Theorie und Empirie, in: Zeitschrift für Soziologie 32. Jg. (2003), S. 4–28.
Tyrell, Hartmann: In memoriam Niklas Luhmann (1927–1998), in: Sociologia Internationalis. Internationale Zeitschrift für Soziologie, Kommunikations- und Kulturforschung, 37. Jg. (1/1999), S. 1–7.
Tyrell, Hartmann: Zweierlei Differenzierung: Funktionale und Ebenendifferenzierung im Frühwerk Niklas Luhmanns, in: Soziale Systeme. Zeitschrift für soziologische Theorie, 12. Jg., (2/2006), S. 294–310.
Urban, Michael: Form, System und Psyche. Zur Funktion von psychischem System und struktureller Kopplung in der Systemtheorie, Wiesbaden 2009
Vanderstraeten, Raf: An Observation of Luhmann's Observation of Education, in: European Journal of Social Theory 6. Jg. (2003), S. 133–143.
Wagner, Gerhard: Am Ende der systemtheoretischen Soziologie. Niklas Luhmann und die Dialektik, in: Zeitschrift für Soziologie, 23. Jg. (4/1994), S. 275–291.
Wagner, Gerhard/Zipprian, Heinz: Identität oder Differenz? Bemerkungen zu einer Aporie in Niklas Luhmanns Theorie selbstreferentieller Systeme, in: Zeitschrift für Soziologie, 21. Jg. (1992), S. 394–405.
Warzecha, Bettina: Zur Problematik der Übertragung systemtheoretischer Beschreibungen auf Organisationsberatungskonzepte, in: Organisationsberatung – Supervision – Clinical Management, 7. Jg. (3/2000), S. 269–279.
Weinbach, Christine: Systemtheorie und Gender. Das Geschlecht im Netz der Systeme, Wiesbaden 2004
Werber, Niels: Medien der Evolution. Zur Rolle von Verbreitungs- und Speichertechniken in der Systemtheorie, in: de Berg, Henk u. a. Rezeption und Reflexion. Zur Resonanz der Systemtheorie Niklas Luhmanns außerhalb der Soziologie, Frankfurt/M. 2000, S. 322–360.
Wetzel, Manfred: Praktisch-Politische Philosophie: Grundlegung, Freiburg/München 1993, S. 490–501.
Wetzel, Ralf: Eine Widerspenstige und keine Zähmung. Systemtheoretische Beiträge zu einer Theorie der Behinderung, Heidelberg 2004
Weyer, Johannes: Wortreich drumherumgeredet: Systemtheorie ohne Wirklichkeitskontakt, in: Soziologische Revue, 17. Jg. (1994), S. 139–146.
Willke, Helmut: Steuerungs- und Regierungsfähigkeit der Politik, Wien 1992
Willke, Helmut: Systemtheorie I: Grundlagen. Eine Einführung in die Grundprobleme der Theorie sozialer Systeme, 4. Auflage, Stuttgart/Jena 1993
Willke, Helmut: Systemtheorie II: Interventionstheorie, Stuttgart/Jena 1994
Willke, Helmut: Systemtheorie III: Steuerungstheorie, Stuttgart/Jena 1995
Willke, Helmut: Blick voraus im Zorn. Einsicht in die Endlichkeit – Individualität und Politik als Zukunftsbewältigung, in: Frankfurter Rundschau Nr. 7 vom 9. Januar 1996, S. 10.
Willke, Helmut: Ironie des Staates. Grundlinien einer Staatstheorie polyzentrischer Gesellschaft, Frankfurt/M. 1996
Willke, Helmut: Supervision des Staates, Frankfurt/M. 1997

Personenverzeichnis

Sachverzeichnis

Zu den Autorinnen und Autoren

Dirk Baecker, Soziologe, Lehrstuhl für Kulturtheorie und -analyse an der Zeppelin Universität in Friedrichshafen am Bodensee. Studium der Soziologie und Nationalökonomie in Köln und Paris. Promotion und Habilitation im Fach Soziologie an der Universität Bielefeld. Arbeitsgebiete: Soziologische Theorie, Kulturtheorie, Wirtschaftssoziologie, Organisationsforschung und Managementlehre. Jüngste Publikation: Beobachter unter sich: Eine Kulturtheorie, Berlin 2013. Internet: http://www.zu.de/baecker/

Cornelia Bohn, Dr. rer soc, Studium der Soziologie und Philosophie in Bielefeld und Paris; seit 2004 Professorin für Allgemeine Soziologie an der Universität Luzern, seit 2009 Mitglied des NCCR Eikones (National Center of Competence in Research – Bildkritik) der Universität Basel. Forschungsschwerpunkte: Soziologische Theorie, historische und zeitgenössische Semantik, Geld-, Bild-, Medientheorie, Gesellschaftstheorie, Forschungen zu Individuen und Personen, Inklusions- und Exklusionsforschung; jüngst erschienen: Welterzeugung durch Bilder. Themenheft der Zeitschrift Soziale Systeme, 18. Jg., Heft 1 + 2, 2012 (Mitherausgeberin).

Marcus Emmerich, Dr. phil., Studium der Soziologie, Politikwissenschaft und Sozialpädagogik an der Universität Kassel; Promotion in Soziologie an der Albert-Ludwigs-Universität Freiburg. Seit 2009 Oberassistent am Institut für Erziehungswissenschaft der Universität Zürich. Jüngst erschienenen: Emmerich, M. & Hormel, U., Heterogenität – Diversity – Intersektionalität. Zur Logik sozialer Unterscheidungen in pädagogischen Semantiken der Differenz, Wiesbaden 2013.

Elena Esposito, Prof. Dr., lehrt Kommunikationssoziologie an der Universität Reggio Emilia (Italien). Aktuelle Forschungsschwerpunkte: soziologische Medientheorie, Gedächtnisforschung, Soziologie der Finanzmärkte. Publikationen: Die Zukunft der Futures. Die Zeit des Geldes in Finanzwelt und Gesellschaft, Heidelberg 2010 (engl. 2011); Die Fiktion der wahrscheinlichen

Realität, Frankfurt/M. 2007; Die Verbindlichkeit des Vorübergehenden. Paradoxien der Mode, Frankfurt/M. 2004; Soziales Vergessen. Formen und Medien des Gedächtnisses der Gesellschaft, Frankfurt/M. 2002.

Dietmar Gensicke, Dr. phil. habil., ist Privatdozent am Institut für Erziehungswissenschaft der Leibniz Universität Hannover und Koordinator für Forschung und Lehre der dortigen Philosophischen Fakultät. Wichtigste Veröffentlichungen zur Systemtheorie Luhmanns: Luhmann – Grundwissen Philosophie, Stuttgart 2008.

Detlef Horster war mit Unterbrechungen durch Gastprofessuren u. a. in der Schweiz und in Südafrika bis 2007 Professor für Sozialphilosophie an der Leibniz Universität Hannover. Ausgewählte Publikationen zu Luhmann: Niklas Luhmann, München 1997 (2. Auflage 2005); Keine Angst vor Niklas Luhmann; er hat ja nur die Wahrheit über die Schule gesagt, in: Handlung – Kultur – Interpretation. Zeitschrift für Sozial- und Kulturwissenschaften, 11. Jg. (2/2002), S. 395–410; Niklas Luhmann: Was unsere Gesellschaft im Innersten zusammenhält, in: Jochem Hennigfeld und Heinz Jahsohn (Hg.), Philosophen der Gegenwart, Darmstadt 2005, S. 179–197 (zugleich als Hörbuch); Herausgeber von: Niklas Luhmann: Die Moral der Gesellschaft, Frankfurt/M. 2008; Luhmann und die nächste Gesellschaft, in: Tiberius, Victor (Hg.): Zukunftsgenese. Theorien des zukünftigen sozialen Wandels, Wiesbaden 2012, S. 107–127.

Christina Huber, lic. phil., Studium der Sonderpädagogik, Sozialpädagogik und Politikwissenschaften an der Universität Zürich; von 2005–08 wissenschaftliche Mitarbeiterin an der Pädagogischen Hochschule der Fachhochschule Nordwestschweiz, seit 2007 Dozentin an der Pädagogischen Hochschule Zentralschweiz (Luzern) und seit 2008 wissenschaftliche Assistentin am Institut für Erziehungswissenschaft der Universität Zürich. Publikation: Systemtheorie, sozialwissenschaftlich: Luhmann, in: Detlef Horster & Wolfgang Jantzen (Hg.), Wissenschaftstheorie. Behinderung, Bildung und Partizipation – Enzyklopädisches Handbuch der Behindertenpädagogik. Band 1, Stuttgart 2010, S. 179–186.

Maren Lehmann, Dr. phil. habil., Studium des Designs, der Erziehungs- und Sozialwissenschaften und der Soziologie an der Hochschule für Kunst und Design Halle (Burg Giebichenstein), der Martin-Luther-Universität Halle und der Universität Bielefeld; seit 2012 Professorin für Soziologie im kulturwissenschaftlichen Department der Zeppelin-Universität Friedrichshafen und zugleich Privatdozentin für Soziologie an der Staatswissenschaftlichen Fakultät der Universität Erfurt. Publikationen: Theorie in Skizzen, Berlin 2011. Mit Individualität rechnen. Karriere als Organisationsproblem, Weilerswist 2011.

Julian Müller, Dipl. Soz., Studium der Soziologie, Philosophie und Psychologie in München und Tübingen; seit 2007 wissenschaftlicher Mitarbeiter am Institut für Soziologie der Ludwig-Maximilians-Universität München; Forschungsschwerpunkte: Soziologische Theorie, Kultursoziologie, Medientheorie; zuletzt erschienen: Luhmann-Handbuch. Leben – Werk – Wirkung, Stuttgart 2012 (Mitherausgeber).

Armin Nassehi, Dr. phil., Studium der Erziehungswissenschaften, Philosophie und Soziologie in Münster und Hagen; seit 1998 Professor am Institut für Soziologie der Ludwig-Maximilians-Universität München; Forschungsschwerpunkte: Kultursoziologie, Politische Soziologie, Wissenssoziologie, Soziologische Theorie. Seit 2012 Herausgeber der Zeitschrift „Kursbuch“.Jüngste Buchpublikation: Luhmann-Handbuch. Leben – Werk – Wirkung, Stuttgart 2012 (Mitherausgeber).

Martin Petzke, Dr. phil., Studium der Soziologie, Psychologie und Informatik an der Universität Trier; seit 2010 wissenschaftlicher Assistent am Soziologischen Seminar der Universität Luzern. Forschungsschwerpunkte: Soziologische Theorie, Weltgesellschaftsforschung, Religionssoziologie. Jüngste Buchpublikation: Weltbekehrungen. Zur Konstruktion globaler Religion im pfingstlich-evangelikalen Christentum, Bielefeld 2013.

William Rasch, Dr. phil., Studium der Literaturwissenschaft an der Universität von Washington (Seattle); seit 1990 Professor am Institut für Germanic Studies der Indiana Universität, Bloomington; Forschungsschwerpunkte: Philosophie, politische Theorie, Theorien der Moderne; zuletzt erschienen: Aufsätze über Kant, Luhmann, Carl Schmitt.

Anna Schriefl, Dr. phil., Studium der Philosophie und Gräzistik in München; seit 2010 wissenschaftliche Mitarbeiterin am Institut für Philosophie der Rheinischen Friedrich-Wilhelms-Universität Bonn. Jüngste Buchpublikation: Platons Kritik an Geld und Reichtum, Berlin 2013.

Michael Urban, Dr. phil., Studium der Soziologie, Psychologie, Politischen Wissenschaften und Rechtswissenschaften im Rahmen eines Diplomstudiengangs Sozialwissenschaften und Promotionsstudium der Sonderpädagogik an der Leibniz Universität Hannover; von 2011 bis 2013 Professor an der Fakultät für Erziehungswissenschaft der Universität Bielefeld, ab August 2013 Professor am Institut für Sonderpädagogik der Goethe-Universität Frankfurt/M. Forschungsschwerpunkte: Erziehung und Bildung im Kontext sozialer Marginalisierung, Inklusion im Erziehungssystem, Sonderpädagogik. Buchpublikationen: Form, System und Psyche, Wiesbaden 2009; Familie, Peers und Ganztagsschule, Weinheim u. a. 2011 (als Mitherausgeber).

Christine Weinbach, PD Dr. rer. soc., Studium der Soziologie, Philosophie und Soziale Arbeit und Erziehung an der Gerhard-Mercator-Universität Duisburg; z. Z. Wissenschaftliche Mitarbeiterin im DFG-geförderten Forschungsprojekt „Geschlechter(un)gleichheit im Politischen System“ an der Wirtschafts- und Sozialwissenschaftlichen Fakultät der Universität Potsdam; Forschungsschwerpunkte: Geschlechtersoziologie, Politische Soziologie, Theorie der Ebenendifferenzierung; Jüngste Publikation: Zeitgenössische Gesellschaftstheorien und Genderforschung. Einladung zum Dialog, Wiesbaden 2013 (Mitherausgeberin).

Niels Werber ist Professor für Neuere deutsche Literaturwissenschaft an der Universität Siegen. Sommersemester 2011 Fellow am Exzellenzcluster „Kulturelle Grundlage der Integration“ der Universität Konstanz. Arbeitsschwerpunkte: Geopolitik der Literatur. Medien und Selbstbeschreibungen der Gesellschaft. Soziale Insekten. Jüngste Buchpublikation: Ameisengesellschaften. Eine Faszinationsgeschichte, Frankfurt/M. 2013.

www.ingramcontent.com/pod-product-compliance
Lightning Source LLC
Chambersburg PA
CBHW030147310326
41914CB00087B/205
* 9 7 8 3 0 5 0 0 5 1 7 0 3 *